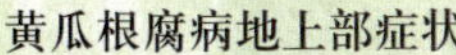

黄瓜根腐病地上部症状

黄瓜褐斑病病叶

黄瓜感染根结线虫植株

黄瓜细菌性角斑病病叶

黄瓜灰霉病

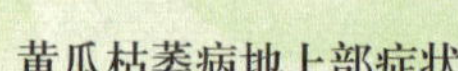

黄瓜枯萎病地上部症状

黄瓜蔓枯病病叶

黄瓜霜霉病病叶

黄瓜炭疽病病叶

黄瓜细菌性溃病病根

黄瓜药害导致花打顶

低温危害造成黄瓜花打顶

黄瓜生理病害导致
绿色瓜变黄皮瓜

黄瓜细菌性溃疡病病茎

黄瓜细菌性青枯病地上部症状

黄瓜细菌性叶枯病

黄瓜疫病

黄瓜缺钾叶片小，呈青铜色，叶缘轻微黄化

黄瓜缺铁时，上部叶片黄白化

黄瓜激素中毒叶

黄瓜锰过剩造成的褐脉叶

黄瓜缺钙时，生长点附近的叶片叶缘卷曲、枯死

黄瓜缺锌时，中上部叶褪色变浅

生理病害造成黄瓜弯曲

生理病害造成黄瓜大肚瓜

生理病害造成黄瓜大头果

生理病害导致黄瓜植株雄花多，雌花少

黄瓜温室持续阴天后暴晴要拉放“花帘”

黄瓜全地膜覆盖

黄瓜落蔓栽培

黄瓜滴灌浇水

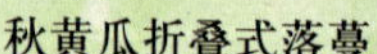

秋黄瓜折叠式落蔓

寿光蔬菜生产技术丛书

保护地黄瓜
种植难题破解100法

刘天英　编著

金盾出版社

内 容 提 要

本书由山东省寿光市农业局刘天英高级农艺师编著。编著者以问答的形式，从育苗技术、栽培管理、优良品种与栽培要点、病虫防治、生理障碍防治和种植新模式六个方面，介绍了寿光菜农在解决保护地黄瓜种植难点和重点问题中的新技术和新经验。本书科学性、实用性和可操作性强，文字通俗易懂，适合广大农民、蔬菜专业户、蔬菜基地生产者和基层农业技术人员阅读，可供农业院校有关专业师生参考。

图书在版编目(CIP)数据

保护地黄瓜种植难题破解100法/刘天英编著．—北京：金盾出版社，2007.7
(寿光蔬菜生产技术丛书)
ISBN 978-7-5082-4535-5

Ⅰ．保… Ⅱ．刘… Ⅲ．黄瓜-保护地栽培 Ⅳ．S642.2

中国版本图书馆CIP数据核字(2007)第042888号

金盾出版社出版、总发行
北京太平路5号(地铁万寿路站往南)
邮政编码：100036 电话：68214039 83219215
传真：68276683 网址：www.jdcbs.cn
彩色印刷：北京精彩雅恒印刷有限公司
黑白印刷：北京大天乐印刷有限公司
装订：北京大天乐印刷有限公司
各地新华书店经销

开本：787×1092 1/32 印张：6 彩页：8 字数：125千字
2008年8月第1版第3次印刷
印数：16001—24000册 定价：8.00元

前　言

山东省寿光市农民，在寿光市三元朱村党支部书记、全国劳动模范、全国优秀共产党员王乐义的带领下，学习借鉴东北地区冬季大棚栽培蔬菜的经验，勇于实践，大胆创新，率先在我国北方地区发明和推广了冬暖式塑料大棚（节能日光温室）蔬菜种植技术，变蔬菜一季栽培为四季栽培，实现了蔬菜全年生产，淡季不淡，四季常鲜，引发了寿光乃至全国的一场农业产业化革命。寿光农民在这场农业产业化革命中靠种菜走上了致富之路。截至2006年，全市蔬菜种植面积达到5.3万公顷，蔬菜总产量达到60亿千克。寿光市有500多个村成了蔬菜生产专业村，有14万户成了蔬菜专业户。寿光市在1995年被国家命名为“中国蔬菜之乡”。

如今的寿光就像“绿色的海洋”，形成了“百里大棚（日光温室）三条线，万亩蔬菜连成片”的新格局。寿光人的种菜技术不仅在全国18个省、市、自治区得到推广，而且走出了国门，走上了世界。美国、俄罗斯、乌克兰、德国、南非、危地马拉等国都有寿光人办的蔬菜农场。2005年，外地从寿光聘请的蔬菜技术人员多达4 000余人，外地来寿光参观和考察蔬菜生产的多达4万人。

寿光蔬菜生产的发展，呈现出日新月异的局面。特别是近几年，涌现出了不少新典型、新技术。应金盾出版社之约，我们组织寿光市活跃在农业生产第一线的农业专家对寿光市及其周边地区农民在蔬菜生产中经常遇到的急需解决的疑难问题、栽培中应注意的关键技术和出现的新技术、典型经验以及一些有推广价值的栽培模式等进行了解、收集和总结，编写了这套丛书。丛书按蔬菜种类分为《保护地番茄种植难题破解100法》、《保护地茄子种植难题破解100法》、《保护地辣椒种植难题破解100法》、《保护地黄瓜种植难题破解100法》、《保护地西葫芦南瓜种植难题破解100法》、《保护地丝瓜苦瓜种植难题破解100法》、《保护地冬瓜瓠瓜种植难题破解100法》、《保护地甜瓜种植难题破解100法》、《保护地菜豆豇豆荷兰豆种植难题破解100法》9个分册。

本丛书的编写强调从蔬菜生产实际出发，突出科学性、实用性和可操作性，深入浅出，文字通俗易懂，以问答形式，向广大农民朋友介绍了10多种常见蔬菜在保护地栽培中所遇到的疑难问题及其解决方法，换句话说，介绍了寿光菜农在蔬菜种植中的先进技术，对农民朋友发展蔬菜生产将起到一定的指导、促进和借鉴作用，对农业科技人员和农业院校有关专业师生也有参考价值。

我们清醒地认识到，寿光种植蔬菜的技术也不是尽善尽美的，也存在着有待解决和提高的问题，全国不少地方和单位蔬菜生产技术在许多方面比寿光更先进，值得寿光菜农学习。本丛书的出版，也是与各地蔬菜生产基地和广大菜农交流经验、接受广大读者检验的一个机会。

由于编者水平所限，书中疏漏、不妥甚至错误之处在所难免，敬请专家和广大读者批评指正。

丛书编委会

2007年2月

目　录

一、黄瓜育苗技术

1. 如何确定保护地黄瓜适宜的播种期?

由于保护地黄瓜的反季节栽培会受到品种、栽培茬口、栽培设施、天气和市场需求等多种因素的影响,因而确定保护地黄瓜适宜的播种期是一个较为复杂的问题。总的原则是,在温度、光照等基本条件能满足黄瓜生长的前提下,尽可能使黄瓜的采收高峰期和市场需求相吻合,以保证黄瓜的周年供应,取得较高的经济效益。因此,保护地黄瓜的播种期与经济效益关系密切。如果播种期不适宜,即使产量高,经济效益也不一定高。只有播种期适宜,才能达到高产高效的目的。

确定保护地黄瓜各茬次适宜播种期的推算方法是:

(1)要了解选用的黄瓜品种从播种到始收商品瓜所需要的时间 一般黄瓜品种从始收商品瓜日期到进入盛果期需15天左右,所以,从播种到始收商品瓜所需要的时间加上15天,就是从播种到进入盛果期所需要的时间。

(2)及时参考市场信息推算保护地黄瓜播种期 把黄瓜盛果期安排在市场上黄瓜刚进入价高而畅销的日期,由此日期往回推算保护地黄瓜各茬适宜的播种期。

从进入盛果期日期往后推算15天,是始收商品瓜日期;再往回推算减去定植至始收瓜所需天数,就是定植日期;由定植日期再往回推算,减去从播种至定植所需天数,便是适宜的播种日期。一般中熟品种比早熟品种要提前10天播种,晚熟品种比早熟品种提前20天播种。用温室、大棚等保护地育苗,比用加温温室育苗、电热温床育苗,分别可提前3天和5

天；而比用无土播种、有土分苗移栽育苗的要提前10天播种。如果是用靠接法进行嫁接栽培的，嫁接用的南瓜砧木的播种日期，比黄瓜的播种日期要延后5～7天。如果是用插接法进行嫁接的，南瓜的播种日期应比黄瓜的播种日期提前4～5天。

经过寿光菜农多年栽培保护地黄瓜的实践证明：①越冬茬黄瓜在春节之前的产量仅占总产量的30%左右，然而，由于此期市场上黄瓜价格最高和需求量大而畅销，其经济收益却占总收益的70%左右，因此，该茬黄瓜播种期不宜延后。②秋冬茬黄瓜栽培，应掌握霜降前伸蔓高1米左右，立冬后进入摘瓜盛期，第二年春分后拉秧倒茬。这样能使整个产瓜盛期处在冬季和早春市场上黄瓜价格较高时期。如果此茬黄瓜种植过早，不仅会因为前期处在高温多雨季节容易出现病虫害而影响黄瓜的产量，而且还会因为过早播种会使收获期提前，在仲秋和晚秋蔬菜旺季产的黄瓜，因为价格偏低而经济效益不高。所以，该茬黄瓜的播种期不宜过早。③冬春茬黄瓜，在早春保护地能够倒茬后及早定植的情况下，其播种期宜提前不宜拖后。因为播种期越提前，越能延长春季持续产瓜期，增加春季产量。由于春季黄瓜的价格比夏季高，所以，播种期越提前，越能提高该茬黄瓜的经济效益。

2. 如何对黄瓜种子进行处理？

据对多种黄瓜侵染性病害的调查，种子带菌传病的约占34.6%，主要有炭疽病、黑斑病、细菌性角斑病和细菌性叶枯病等，所以，在播种前应进行种子消毒。

对种子进行消毒的方法很多，其中以热力杀菌法较好，具有操作简易、杀菌广谱、对种子安全、有利于环保和节省费用等优点，适于广大农户采用。种子消毒的方法是:先将黄瓜种子浸入室温水中预浸 4 小时，捞出后，再浸入 55℃热水中，利用热力杀菌消毒 15 分钟，然后捞出投入凉水中冷却降温，再转入催芽或播种。但应严格遵守技术要求的水温和时间。

种子处理包括种子消毒和浸种、催芽。

(1)种子消毒　种子消毒是防治多种传染性病虫害最为经济、有效的方法，是预防苗期病虫害的一项不可缺少的措施。由于种子处理用药量很少，而且离黄瓜收获期时间长，几乎不存在农药残留的问题，因此，也是生产无公害蔬菜提倡使用的一项重要的措施。①种子包衣。种衣剂中包含杀灭种传病害和地下害虫的杀菌剂、杀虫剂，以及能促进种子发芽和黄瓜生长的微量元素肥料和植物生长调节剂。现在部分商品种子在出厂前已经包衣，使用这样的种子，不需要再进行消毒处理。②温汤浸种。温汤浸种是利用干种和病菌对高温的耐受力的不同，通过高温杀死种子表面的病菌的一种方法。将干种投入 55℃～60℃的温水中，不断搅拌，并不断添加热水，保持 55℃～60℃的水温 10 分钟。温度降低到 28℃～30℃时，再浸种 4～6 小时，淘洗干净后进行催芽。③药剂浸种。第一，用 72.2%普力克水剂或 25%甲霜灵可湿性粉剂 800 倍液，浸种 20 分钟，可防治黄瓜苗期真菌性病害。第二，50%福美双可湿性粉剂 500 倍液浸种 20 分钟，可防治炭疽病等。第三，用 2.5%适乐时悬浮种衣剂包衣消毒，不仅可杀灭潜伏在种皮上的病原真菌，还可渗入种子内部，杀灭侵入种子内部的病原真菌，有效地防治瓜类苗期的猝倒病、立枯病等病害。第四，为防止种子带病毒而引发病毒病，可以用 10%磷酸三钠溶液浸种 20 分钟。第五，用 100 万单位农用链霉素 500 倍稀释液浸种 2 小时，可以防治细菌性病害。无论用哪种药剂浸种，都要在浸种后，用清水把种子进行淘洗，以防发生药害。

(2)浸种、催芽 ①浸种。经过温汤浸种或药剂浸种的种子，再在25℃～30℃的温度下浸种4～6小时，使种子吸足其干重的50%～60%的水，然后用手搓洗种皮上的黏液，清除发芽抑制物质，漂去杂质和瘪籽，并用清水冲洗干净。②催芽。浸种后的种子，用干净的湿纱布包好，外面包上拧干的湿毛巾，置于25℃～30℃的地方催芽。每天用温水淘洗1～2次，淘洗后继续催芽，在25℃～30℃的温度下，16～20小时即可发芽，可分批捡出已经发芽的种子播种或放置在5℃～8℃的条件下，等全部出芽后一起播种。

3. 黄瓜育苗营养土如何配制？

黄瓜属于浅根性蔬菜，喜肥水但又不耐肥水，所以，要求育苗营养土肥力较好、质地疏松并且无病虫害。生产上常用没有种过瓜类的大田表土与腐熟过筛的有机肥料按比例混合而成。

有机肥采用充分腐熟并打碎过筛的厩肥、马粪或用3∶7～2∶8的鸡粪和牛粪混合发酵腐熟。土和有机肥的体积比为6∶4～7∶3，根据有机肥的肥力确定。

有草炭的地方，可用草炭加优质粪肥做有机肥。土、草炭、优质粪肥的比例为5∶4∶1。

钵盘(穴盘)育苗，营养土用量较少，要求保肥、保水性能好，可用蛭石代替园田土。蛭石和有机肥的比例各占1/2。

每立方米营养土中，可加入15-15-15复合肥1 500克，或磷酸二铵、硫酸钾各500克。为防止土传病害的发生，每立方米营养土加入70%甲基托布津，或50%多菌灵100克。

若土质黏重，则可加入一定量的炉灰、沙子等；若肥力不够，则可加入尿素和磷酸二氢钾，一般每立方米营养土加尿素500克、磷酸二氢钾300克左右，但一定要混合均匀。因黄瓜根系再生能力差，伤根后不易恢复，所以，育苗时要采用护根育苗，以保护根系。

4. 怎样对黄瓜苗床土进行消毒？

黄瓜在育苗时常因发生猝倒病、立枯病等病害而引起死苗，严重时造成秧苗成片枯死，给生产带来一定的损失。为了有效地减少和控制黄瓜育苗期间，由种子带菌、土壤传播病原而引起的各种病害，提高黄瓜成苗率和培育壮苗，一定要对苗床土进行消毒。

常用的方法主要有：

(1)药物熏蒸消毒法 把甲醛、垄鑫、线克与菌线克等有熏蒸作用的药剂，加入到苗床土壤里，并在土壤表面用薄膜盖严，使药物气体在土壤中扩散进行杀菌、杀虫。土壤熏蒸完后，掀开薄膜，待药剂充分散发后，方可装钵播种 。

(2)药土消毒法 配制营养土时，每立方米营养土加入70%甲基托布津或50%多菌灵100克，或90%敌百虫20克，或金雷多米尔5～7克 。

(3)太阳能消毒法 这种方法只适用于高温季节。播种前，把地翻平整好，用透明吸热薄膜覆盖好，晴天土壤温度可升至50℃～60℃，密闭15～20天，可杀死土壤中的多种病菌。

5. 黄瓜育苗的措施有哪些？

一般在冬、春季节育苗，需要防寒保温设施，而在夏、秋季节育苗，则需要防雨降温设施。

(1)温室育苗 主要在寒冷冬季或早春为日光温室冬春茬、早春茬黄瓜栽培，以及春保护地黄瓜栽培育苗。

(2)冷床育苗和温床育苗 冷床育苗主要是利用太阳能培育秧苗，是冬春季节为露地栽培的春茬黄瓜育苗。温床育苗是在冷床的基础上，利用酿热物或电热线加温进行育苗，因而温床条件比冷床好，可比冷床育苗期提前，有利于培育大龄苗。

(3)温室、冷床(或塑料拱棚)配套育苗 这种方式是在温室内播种育成小苗，然后栽到冷床，或塑料小拱棚内培育成苗。室内的优良条件保证幼苗生长。

6. 黄瓜的壮苗标准是什么？嫁接苗龄以多大为宜？

黄瓜的壮苗标准是：幼苗节间短，茎粗壮，刺毛较硬，茎横径在0.6～0.8厘米之间，株高10厘米以内；叶片平展、肥厚，颜色深绿，达3叶1心或4叶1心；子叶完好、肥胖、具光泽；根系发达、白色；无病虫害；一般日历苗龄30～40天；定植后，具有缓苗和发根快、抗寒性强、雌花多且节位低、早熟和丰产等特点。

温室嫁接黄瓜的苗龄不宜过长，否则定植时伤根太重，容易造成植株早衰。通过近年来的高产典型经验看，不论是自根苗，还是嫁接苗，苗龄都不宜过长。适宜苗龄均在30～35天为宜，其生育指标是3叶1心。生产实践已经证明，黄瓜定植时，苗龄越小，生产效益越好；嫁接时，采用靠接法最易成活。

7. 怎样进行黄瓜苗期的温度管理？

黄瓜种子发芽和苗期生长的最适温度与高产栽培要求的

温度不完全相同。下面从黄瓜高产栽培的角度介绍黄瓜育苗阶段所需的适宜温度，供菜农朋友在生产中参考应用。

(1)第一阶段，从播种到开始出苗，应控制较高的床温，促使快出苗 一般床温为25℃～30℃，约2天就开始出苗。此期间苗床温度最低为12.7℃，最高为40℃。

(2)第二阶段，从出苗到第一片真叶显露，即破心 此期要及时降温，控制较低的温度，一般白天20℃～22℃，夜间12℃～15℃。避免温度高，尤其是夜间温度偏高，会导致胚轴发生徒长，成为“长脖苗”。

(3)第三阶段，从破心到定植前7～10天 此期温度要适宜，白天可保持在20℃～25℃，夜间在13℃～15℃，有利于雌花分化且降低雌花节位。

(4)第四阶段，即定植前7～10天进行低温锻炼 为提高黄瓜秧苗的适应能力和成活率，一般白天在15℃～20℃，夜间10℃～12℃。

由于不同季节外界环境条件的限制，黄瓜育苗不可能都达到最适温度，但应当采取各种有效措施，使苗床温度不要超出黄瓜所能承受的极限温度。冬季育苗可以通过铺地热线、温室内加盖小拱棚等措施，使苗床的夜温不低于10℃，短时间不低于8℃；夏季通过盖遮阳网等方法，使苗床的最高温度控制在35℃以内，短时间不超过40℃。

8. 怎样进行黄瓜苗期的肥水管理？

由于育苗时间、育苗方式以及育苗期间的天气情况不同，黄瓜育苗期间的浇水次数及浇水量差别较大，冬季或早春育苗应5～8天浇水1次，而夏、秋季育苗，可能每天都要浇水，甚至1天浇2次水。总的原则是：黄瓜苗期控温不控水，既要保证黄瓜充足的水分供应，又要防止浇水过多造成沤根。一般保持田间最大持水量的80%～90%即可。现在多采用钵盘或营养钵育苗。由于营养土体积较小，而且与苗床底土分离，水分散失较快，应当经常观察营养土水分的变化，及时补充水分。在黄瓜的育苗后期，适当增大浇水量，减少浇水次数，使床土见湿见干。

9. 黄瓜的花芽分化有什么特点？

许多菜农对黄瓜花芽分化的特点不了解，在生产中，不能正确利用黄瓜自身的优点，影响了黄瓜的产量，从而降低了经济效益。

黄瓜花芽分化的特点主要有两个：一是早熟性；二是性型可塑性。这两点在黄瓜栽培中是很重要的，只要利用得好，就可早熟增产，获得更高的经济效益。

黄瓜一般在第一片真叶刚出现时，就开始花芽分化，生长点只分化叶芽，在叶芽内侧分化出花原基。在花芽分化初期为无性时期，表现为两性花。之后，由于条件的影响，则雌雄有别。当第一片真叶已展开时，生长点已分化至12节。此时，第九节以内的各叶芽均已进行了花芽分化，但性型未定。当第二片真叶展开时，叶芽已分化至14～16节，3～5节花芽的性型已定。当第七片叶展开时，第二十六节叶芽已分化，花芽已分化至23节，同时16节以内的花芽性型已定。

雌花出现的节位与数目，除与品种有关外，主要取决于外界环境条件。花芽分化初期为两性花，以后由于条件的变化则有雌雄之别。凡条件有利于雌花发育时，雄蕊发育停止，雌蕊发育形成雌花；反之，则形成雄花。若环境条件在雌性分化或雄性分化途中偶然改变，或环境条件对雌雄性的分化偶尔都适合时，则会形成两性花。由此可见，苗期雌花分化的数量，便成为前期产量的基础。

10. 怎样促进黄瓜多形成雌花？

黄瓜雌花出现的早迟和多少，直接影响着产量的高低，尤其是黄瓜雌花节位愈低，雌花开花愈多，早期产量就愈高。而黄瓜雌花的形成，除与品种自身特性和营养状况有关外，在很大程度上受苗期温度、光照、水分、营养和气体以及激素等条件的制约。改善和调节好苗床小气候，是促进黄瓜多开雌花、多结瓜、早上市的重要措施。

(1)温度 黄瓜花芽分化时，应保持白天温度在 25℃左右，以利于光合作用的进行，夜间将温度降至 13℃～15℃，以抑制呼吸消耗，有利于黄瓜体内营养物质的积累，能明显地增加雌花数量和降低节位；反之，夜间温度高，昼夜温差小，秧苗徒长，有利于雄花的形成；但夜间温度也不能降得太低，12℃以下的低温，会使瓜苗生理失调，导致生长缓慢或停止生长。地温以 18℃～20℃为宜。所以，苗期温度管理最好采用变温法。

(2)光照 黄瓜属短日照植物，缩短光照时间有利于早形成雌花。在降低夜间温度的同时，缩短日照时数，可增加雌花数量和降低雌花节位。育苗期间给予 8 小时的光照，对雌花的形成最为有利。每天给予 5～6 小时的光照，虽有利于雌花的发育，但对黄瓜幼苗生长不利。12 小时以上的长日照，有利于雄花的形成。日光温室冬春季育苗，每天光照只有 8 小时左右，同时夜间温度也较低，正符合雌花形成的条件。

(3)水分 黄瓜雌花分化要求较高的空气相对湿度和土壤湿度，土壤和空气湿润有利于形成雌花，而干旱则有利于雄花的形成。土壤和空气相对湿度在80%时，有利于雌花的形成，过高或过低都会减少雌花的数量。

(4)营养 苗床土肥沃，氮、磷、钾配合适当，多施磷肥，可降低雌花节位，多形成雌花；而钾肥能促进形成雄花，不能多施，要适量。

(5)气体 大气中氧的平均含量为20.97毫克/立方米，土壤内氧的含量状况因各种性状而不同。一般来说，浅土层内氧的含量比深层多。黄瓜在原产地生长于森林地带腐殖质丰富的土壤中，根系浅，有氧呼吸比较强盛，因而要求土壤透气性良好，不耐土壤2%以下的含氧量，以10%左右为宜。正因为如此，黄瓜需要多施有机肥料。在土壤过湿或板结的情况下，土壤呈还原状态，会形成有毒物质，影响根系的活动，病害也容易发生，所以，要注意土壤的排水和中耕。

土壤中二氧化碳的含量和氧相反，浅层要比深层内含量少。空气中二氧化碳的含量为0.03%。在苗期增加空气中二氧化碳的浓度，不仅可抑制瓜苗呼吸作用，还可提高光合效率，有利于雌花形成。如果二氧化碳含量增至0.15%～0.2%以上时，黄瓜叶的同化量便会大大提高。由此可见，空气中二氧化碳的含量远远不能满足黄瓜光合作用的需要，应该设法加以补充。增加二氧化碳浓度的方法是：可以增施充分腐熟的有机肥料；也可在有保护设施的条件下，增施二氧化碳气肥，以及加强通风等。

(6)激素 对黄瓜性型有影响的激素有乙烯利、萘乙酸、2,4-D、吲哚乙酸和矮壮素等，都有促进雌花分化的作用。乙烯利在生产上较为多用。育苗条件不利于雌花形成时，用乙烯利处理效果明显，但是，乙烯利有抑制生长的作用，使用时应慎重。冬春茬育苗时，因昼夜温差大，日照较短，对雌花形成有利，一般不需用乙烯利处理；秋黄瓜育苗时，因气温高，日照长，昼夜温差小，可在第一片真叶展开后，喷施150～200毫克/千克乙烯利溶液，能增加雌花数量和降低雌花节位。

上述温、光、水、气等的小气候调节，应在子叶展开后的40天内进行，尤以幼苗子叶展开后的10～30天间处理效果最好。处理过迟，雌、雄花型已定，起不到促进早开、多开雌花的作用。

总之，要想在育苗期间多孕育雌花，并使之节位下降，为早熟丰产打下良好的基础，必须根据上述条件，采取相应的配套措施，这是培育黄瓜壮苗获得早熟高产的关键。

11. 黄瓜嫁接栽培有哪些主要的优点？

(1)增强黄瓜植株的抗病能力，解决了连作重茬问题 因温室连年重茬种植，使病害逐渐积累，虫害逐年上升，黄瓜进行嫁接后，可以克服土壤连作障碍，防止根部病害发生，尤其可以避免镰刀菌枯萎病等土传病害。这样，不仅减少了农药的施用量，减轻了对黄瓜的污染，还能降低劳动成本和劳动强度，使经济效益得到了进一步的提高。

(2)增产效果显著 砧木根系发达，吸水吸肥能力强，抗逆性强。嫁接后，接穗得到了充足的水分和养分供应，不仅生长速度加快，而且秧苗健壮，增产幅度增大。据试验，嫁接黄瓜比自根黄瓜增产30%～50%。

(3)增强了植株抗逆性 用黑籽南瓜、日本优清等砧木嫁接的黄瓜，有效地促进了根系发育，提高了根系的耐寒、耐热、抗病等抗逆性和适应性，从而提高了嫁接黄瓜的产量。当地温下降到8℃左右时，仍能保持较强的生长势，而不嫁接的黄瓜则停止生长。如果低温持续的时间较长，不嫁接的黄瓜，还会出现“花打顶”以及“寒根”等冷害现象。

12. 嫁接黄瓜选用砧木和接穗的依据是什么?

(1)砧木选择的依据 黄瓜嫁接栽培时,必须选择优良的砧木,以达到防病和早熟的目的。因此,砧木的选择,在嫁接栽培中至关重要。选择砧木时,要掌握以下4个基本原则:①砧木与接穗的亲和力,主要包括嫁接亲和力和共生亲和力。嫁接亲和力是指嫁接后砧木与接穗愈合的程度和愈合速度,可以用嫁接后的成活百分率来表示。嫁接后,砧木很快就与接穗愈合,成活率高,则表明砧木与接穗的嫁接亲和力高;反之,则低。共生亲和力是指嫁接成活后两者的共生状况,一般用嫁接成活后嫁接苗的生长发育速度、生育正常与否及结果后的负载能力等来表示。嫁接亲和力和共生亲和力并不一定一致,有的砧木与接穗嫁接成活率很高,但后期表现不良,表现为共生亲和力差。因此,生产上选择砧木时,要选择嫁接亲和力与共生亲和力都较高且较一致的砧木。②砧木的抗病能力。选用砧木嫁接黄瓜最重要的一个目的,就是为了增强黄瓜的抗病力,尤其是对镰刀菌枯萎病等土传病害的抵抗力,因此,选择的砧木必须具有抵抗这些病菌的能力,这也是选择砧木的一个重要条件。③砧木对黄瓜品质的影响。不同的砧木对黄瓜的品质会有不同的影响。因此,黄瓜在嫁接时,必须选择对黄瓜品质基本无不良影响的砧木。④砧木对不良环境条件的适应能力。在嫁接栽培的情况下,黄瓜植株的低温生长性、雌花出现早晚和低温坐果性,以及根群的扩展和吸肥能力、耐旱性和对土壤酸碱度的适应性等,都受砧木固有特性的影响。不同的砧木有不同的特性,对接穗的影响也不相同。因此,根据需要选用最适宜的砧木,是获得黄瓜早熟、丰产和优质的关键之一。在温室栽培中，由于温度低、光照弱，应选择耐低温、耐弱光、对不良环境条件适应性强的砧木。

(2)接穗选择的依据 选择接穗时，首先要考虑对保护地环境的适应性，一般以耐低温、弱光、早熟性强、品质好、抗叶部病害的丰产品种为最好。近年来，生产上多以冬日1号、长春密刺和短把密刺(87-1)等品种做接穗。

13. 黄瓜嫁接栽培时应怎样播种？

钵盘或营养钵装好营养土，摆放在事先准备好的苗床内，浇透水，等水渗下去后，把露白的种子摆放在营养钵的中间，每钵播1粒种子，而后盖上厚1厘米左右的营养土，然后盖地膜保温、保湿。夏、秋季育苗，可盖草帘保湿防晒。在70%种子拱土时，揭去薄膜，以防烤苗。

14. 黄瓜嫁接一般采用哪些方法？

黄瓜嫁接育苗所用的嫁接方法，有靠接法、插接法和劈接法等，前两种方法操作简单，易管理，成活率高，菜农利用得较多。劈接法嫁接后，较难管理且成活率低，生产中应用较少。现在菜农多采用靠接法嫁接。

(1)靠接法 也称舌接法。此法是将接穗与砧木苗在叶子下切口舌接相靠而成。嫁接好后，去掉砧木顶芽，同栽于一个营养钵内，各自利用自己的根系吸收营养，待靠接成活后，切断接穗根系，即成长为1株嫁接苗。

具体做法是：先从苗床中起出砧木苗和接穗苗，砧木苗要用竹签轻轻除去生长点，用刀片在砧木苗茎的一侧子叶下0.5～1厘米处，自上向下呈45°角下刀，斜割的深度为茎粗的1/2，最深不能超过茎粗的2/3，割后轻轻握于左手。再取黄瓜苗在子叶下 1.5 厘米处，自下向上呈 45°角下刀，向上斜割至幼茎的 1/2 深，切口长度与砧木的切口相等。将砧木和接穗的切口相嵌，用手轻轻地捏住接口，不要松动，防止接口错位。用专用嫁接夹从接穗一侧夹住靠接部位。嫁接后，黄瓜子叶高于南瓜子叶，呈“十”字形。靠接好后，立即把苗栽到营养钵内。栽植时，用左手轻轻地捏住嫁接苗的接口部位，不使接口错位，将根放在钵内，左手抓住嫁接苗将根固定。为便于去掉接穗根系，注意将接穗与砧木的根分开一定的距离以便拔除接穗根时不伤砧木根，接口与土面保持 3～4 厘米的距离，避免污染接口以及接穗与土壤接触发生不定根。

嫁接苗栽好后，浇足水，放入苗床中培育。靠接成活以前，砧木和接穗均自带根，各自吸收水分和营养，嫁接初期管理比较方便，接穗不易失水萎蔫，成活率较高。

靠接法嫁接黄瓜须注意以下几点：第一，错期播种。先播种黄瓜，密度要适当稀一些，以种距 3 厘米为宜；5～7 天后，再播种南瓜；南瓜播种的密度越大越好，这样，可使两种苗子茎粗相称，即下胚轴的粗度相近，易于嫁接，成活率高。第二，嫁接速度要快，切口要嵌得准。第三，嫁接好的苗子要立即栽植。栽植时，刀口处一定不能沾上泥土，并要把黄瓜茎的一边(夹嫁接夹的一面)栽植在北边。第四，栽植时，要一边栽一边盖上小拱棚塑膜和覆盖物，以及时保温保湿和遮荫。

(2)插接法 先取砧木苗，去掉其生长点，用 1 根光滑竹签从砧木子叶基部的一侧，向胚轴中斜插其尖端，至顶住砧木下胚轴的表皮为止，竹签插入砧木内的长度，一般控制在 0.5～0.7 厘米。削接穗时，用左手托住黄瓜苗的 2 片子叶，将下胚轴拉直，右手拿刀片，从黄瓜子叶下 1 厘米处以 30°角斜削 1 刀，把下胚轴大部分及根削掉，使接穗的下胚轴上的斜切面为0.5～0.7厘米长。随即从砧木中拔出竹签,将接穗的切面向下插入砧木顶心的小孔中,使两者切口密切结合,并将接穗与砧木的子叶着生的方向呈"十"字形。

插接法嫁接黄瓜须注意的是:砧木南瓜的播种日期,可以比黄瓜的播种日期提前3～5天,南瓜播种的种子粒距4厘米左右,不能播得太密,以防出现高脚苗。黄瓜种子的粒距为1～2厘米。嫁接适宜形态为黄瓜苗子叶展平、砧木苗第一片真叶长到5分硬币大,一般在南瓜播后12～13天进行。

15. 黄瓜嫁接苗如何管理?

嫁接苗成活率的高低与嫁接后的管理技术有着非常重要的关系。黄瓜嫁接苗管理的重点是:为嫁接苗创造适宜的温度、湿度、光照及通气条件,加速接口的愈合和嫁接幼苗的生长。

(1)保温 嫁接苗伤口愈合的适宜温度为25℃左右,接口在低温条件下愈合很慢,影响成活率。因此,幼苗嫁接后,应立即放入拱棚内,苗子排满一段后,应及时将薄膜的四周压严,以利于保温、保湿。苗床温度的控制,一般嫁接后3～5天内,白天保持在24℃～26℃,不超过27℃;夜间20℃～18℃,不低于15℃。3～5天以后,开始通风,并逐渐降低温度;白天可降至22℃～24℃,夜间降至12℃～15℃。

(2)保湿 如果嫁接苗床的空气相对湿度比较低,接穗易失水引起凋萎,会严重影响嫁接苗成活率。因此,保持湿度是嫁接成败的关键。嫁接后3～5天内,小拱棚内空气相对湿度控制在85%～95%;但营养钵内土壤湿度不要过高,以免烂苗。

(3)遮光 在棚外覆盖稀疏的苇帘或遮阳网,避免阳光直接照射秧苗而引起接穗萎蔫，夜间还起保温作用。在温度较低的条件下，应适当多见光，以促进伤口愈合；温度过高时，适当遮光。一般嫁接后2～3天，可在早晚揭除草帘，以接受弱的散射光；中午前后覆盖草帘遮光。以后逐渐增加光照时间，1周后可不再遮光。

(4)通风 嫁接后3～5天，嫁接苗开始生长时可开始通风。开始通风口要小，以后逐渐增大；通风时间也随之逐渐延长，一般9～10天后，即可进行大通风。开始通风后，要注意观察苗情，发现萎蔫，及时遮荫喷水，停止通风，避免因通风过急或时间过长而造成秧苗萎蔫。

(5)接穗断根 用靠接法嫁接的黄瓜苗，在嫁接苗栽植10～11天后，就可以给接穗断根，即用刀片割断黄瓜根部以上的幼茎，并随即拔出。断根5天左右，接穗长到4～5片真叶时，可在温室内移栽定植。

砧木切除生长点后，会促进不定芽的萌发。如不及时除去，将会影响对接穗的养分与水分供应。这一工作约在嫁接后1周开始进行，2～3天1次。

另外，要注意经常观察接穗是否保持新鲜、是否有明显的失水现象等；幼苗成活后，要进行大温差锻炼，使幼苗生长健壮；还要及时去掉砧木侧芽，防止它与接穗争夺养分，从而影响接穗的成活。

16. 怎样进行黄瓜变温育苗？

黄瓜育苗时，采用变温处理，可使幼苗健壮，适应恶劣气候条件的能力增强，结瓜位降低，瓜码密，不仅能早熟，而且能增产，是实现黄瓜高产、稳产的重要措施。

(1)种子变温处理 温水浸种，低温贮种。先将黄瓜种子浸入13℃的温水中泡4小时，然后捞出装入布袋，放在5℃的冰箱中冷贮1夜。第二天取出后，用凉水冲淋，将水晾干后，将布袋放入盆内备用。

高温催芽，低温炼芽。将盆内种子放在25℃～30℃的温度下催芽，待种子全部出芽2小时后，降温到20℃时炼芽2小时。

(2)苗床变温管理 播种后至出苗前，要高温促出苗，白天保持在25℃～28℃，夜间15℃～17℃，地温20℃～25℃；出苗后至第一片真叶出现前，要低温防徒长，白天保持在20℃左右，夜间应在10℃～12℃之间，地温16℃～20℃；第一真叶出现后至定植前1周，要适温管理，白天保持在20℃～25℃，夜间13℃～15℃，地温18℃～20℃；定植前1周，应逐渐降温，白天控制在25℃，不超过28℃，夜间降至8℃～10℃，地温降至12℃，使温度接近定植后温度。这样培育的幼苗，既不徒长，又不老化；定植后，成活率高。

(3)移栽苗变温处理 高温缓苗，低温炼苗。幼苗移栽后，白天温度控制在25℃～32℃，夜间15℃左右；缓苗后，白天保持在25℃，夜间保持在13℃～15℃。

17. 温室黄瓜在苗期遇不良天气时应如何管理？

温室黄瓜的秋冬茬、越冬茬、冬春茬，在苗期遇到连阴雨雪等不良天气时，其管理技术主要以加强防寒保温和增强光照为主。

(1)防寒保温 注意收看天气预报，当寒流和阴雨雪天气到来之前，要严闭棚室，夜间加盖整体浮膜(即盖草苫后，再覆盖一整体薄膜)，棚室后墙和山墙达不到应有厚度的，可在墙外加护草及薄膜等加强保温。必要时，向阳面的棚室底角夜间增盖一层草帘，以提高棚室内夜间的温度，甚至在严寒季节可以在棚前脸加盖麦草，或其他覆盖物，以加强保温。

如果持续阴天时间过长，就应在棚内设置灯泡提温增光。可在棚室中间设置灯泡 1 个。若遇上雨雪天气，上午不能拉开草苫，应打开灯。若夜温过低，可在下午 5 时左右将灯打开，到夜间 10 时左右关闭，可有效提高棚温 2℃～3℃；同时还能增加光照。

为了保温，阴雨雪天气时，一般情况下不通风，但当棚内空气相对湿度超过 85%时，可在中午前后短时间开天窗，小通上风排湿。每天拉开草苫时间的长短，可根据棚温的变化而定。揭开草苫后，若温度下降，应随揭随盖；若温度稍有回升，可以在下午 2～3 时以前，把覆盖物重新盖好。在阴天时，要尽量减少出入棚室的次数，尽可能保持棚温。

(2)增加光照 只要不下雨、不下雪，甚至白天下小雪时，都要坚持拉开草苫，利用微弱的散射光，增加棚内温度，补充光照，使黄瓜植株进行光合作用，避免黄瓜植株长时间处于黑暗状态，造成根、茎、叶生长严重失衡。此外，还要经常清扫温室棚膜表面，增加棚膜透光率，增强黄瓜植株的光合作用。

在黄瓜的苗期遇到强寒流天气时，一旦发生冻害，应于清晨 8 时前后，喷洒 1 次 8℃～15℃的清洁温水，以利于缓解冻害；同时覆盖草苫或盖花苫，以形成花荫，防止阳光直射棚内升温过快，骤然解冻，造成死苗。

18. 黄瓜苗为什么会戴帽出土？

黄瓜育苗时，经常出现戴帽出土现象，戴帽苗易形成弱苗，影响苗子质量。

(1)症状识别 黄瓜苗子出土后，子叶上的种皮不脱落，俗称戴帽。秧苗子叶期的光合作用主要是由子叶来进行的，苗子戴帽使子叶被种皮夹住不能张开，因而会直接影响子叶的光合作用；还会使子叶受伤，造成幼苗生长不良或形成弱苗。这样的苗子定植后，对后期植株的生长发育也有影响。

(2)发生原因 苗子戴帽是由多种原因造成的。比如种皮干燥，盖土太干燥，致使种皮容易变干；播种太浅或覆土太薄造成土壤挤压力不够；苗床土温偏低，出苗时间延长；出苗后，过早揭掉覆盖物或在晴天揭膜，致使种皮在脱落前已经变干；种子秕瘪，生活力弱等。

(3)防治措施 精细整床，苗床土要细、松、平整，播种前要浇足底水。不能播干种，要进行浸种处理，覆土要用潮土，且厚度要适宜，还要薄厚均匀一致。加盖薄膜进行保湿，使种子从发芽到出苗期间保持湿润状态。幼苗刚出土时，如果床土过干要立即用喷壶洒水；发现有覆土太浅的地方可以补撒一层湿润细土；一旦发现戴帽苗出现，要立即摘除。

二、黄瓜栽培管理

19. 保护地黄瓜起垄定植栽培有什么优点?

黄瓜保护地起垄定植栽培具有以下三大优点:

一是起垄定植有利于土壤耕作层通气和黄瓜根系的呼吸。

二是起垄定植能加大土壤耕作层的昼夜温差,有利于促进苗壮和花芽分化,能抑制徒长,促进壮秧,以达到增产早熟的目的。

三是起垄定植便于浇水和冲施肥料,尤其便于大小行距间隔沟浇水和交替冲施肥料,容易控制浇水量,减少肥料的浪费。

20. 保护地黄瓜地膜覆盖栽培有什么优点?

保护地黄瓜地膜覆盖栽培的好处颇多,主要有以下几点:

一是地膜覆盖不仅能保持土壤水分,减少浇水的次数,并且能增加耕作层土壤的容积热容量,加速养分转化,增加光效,使冬季棚室内的地温升高 2℃～4℃,有利于黄瓜根系的生长发育。

二是覆盖地膜可以减少地表水分蒸发,所以,能降低棚内空气相对湿度,有利于防治病虫害,并能缓解冬季棚室内通风排湿与保温的矛盾。

三是地膜覆盖避免了某些病菌和害虫与土壤直接接触,可以有效防止某些土传病害和地下害虫的发生,同时还能杜绝土壤中有些病菌和害虫对植株地上部的侵染,并且能防除杂草。

四是在黄瓜畦面覆盖地膜,土壤层次之间的盐分分布发生了变化,能较好地抑制土壤表层盐分积累。因为盖膜后,土面水分蒸发受到抑制和地膜回笼水的作用,使土壤表层含盐量明显降低,对黄瓜保苗可起到很好的作用。

五是地膜覆盖适于嫁接黄瓜落蔓盘蔓。瓜蔓盘落于盖有地膜的垄脊上,因不与土壤接触,避免了接穗的秧蔓节间产生不定根扎入土壤而感染枯萎病,同时还能减少其他病菌对茎蔓及叶片的侵染。

六是地膜覆盖改善了黄瓜植株生长的光、温、水、养分等条件,所以,能使黄瓜提早出苗,生长加速,早熟丰产。

21. 黄瓜定植技术包括哪些关键环节?

(1)茬口安排 黄瓜最适于在松软肥沃、通透性好、腐殖质含量高和中性偏酸(pH 5.5～7.6)的壤土与重壤土上生长。栽培黄瓜还要选择水源有保证,水质好,排灌方便,非盐碱的地块。当前黄瓜保护地栽培的茬口主要有:春大棚栽培、春小拱棚栽培、越夏栽培、秋大棚栽培、秋延后温室栽培、冬季越冬温室栽培和早春日光温室栽培等。

目前保护地栽培黄瓜时,重茬较难避免,生产上采取加大有机肥用量,来弥补因连作造成的土壤养分不平衡,改善土壤结构,提高土壤肥力;同时可以选用芽孢杆菌三剑克、多维土壤增肥调理剂和土得乐等来调理土壤,抗重茬,防早衰。并采取土壤消毒等措施,防止因连作重茬而造成病虫害加重现象的发生。

(2)土壤消毒 土壤消毒包括物理消毒和化学消毒。物理消毒包括彻底清除枯枝落叶、深翻土壤、高温闷棚和灌深水等。上茬作物的枯枝落叶上含有大量的病菌和虫卵，必须彻底清除并销毁。深翻土壤，不仅能增加土壤蓄水保肥能力，同时可把地表的病虫害翻到土壤深层，使之不能造成危害，把潜藏在土壤中的病虫翻到地表，使之被晒死或冻死。温室、大棚夏秋季播种黄瓜前，扣棚 10～15 天，可使棚内地表温度达到 60℃以上，可杀死绝大部分土传病虫。出现返盐的保护地，黄瓜在播种或定植前灌深水 10～15 厘米，并保水 7～10 天，不但有洗盐的作用，还可杀死土壤中所有害虫和部分病菌。

(3)整地施基肥 黄瓜基肥可全面撒施和集中施用相结合。有机肥在翻地前全面撒施，速效化肥在播种或定植前开沟施用。有机肥在施用前，必须充分腐熟。根据有机肥质量的不同，保护地黄瓜每 667 平方米施用 5 000～10 000 千克；速效化肥根据地力的不同，每 667 平方米施用 15－15－15 氮磷钾复合肥 50～100 千克或 15－8－13 三色控释复合肥50～70 千克。黄瓜地耕翻的深度以 20～25 厘米为宜，在黄瓜播种前进行耥耙，将地整平整细。

(4)确定定植期 要根据茬口、当地气候、生产条件及秧苗生长情况、市场需求来决定，尽可能做到春季提前，中间排开，秋季延后，冬季促成，以保证黄瓜的周年供应。

(5)定植方法 定植前首先按 120 厘米的垄距打线，顺线南北向起垄，垄面呈高弓形，垄与垄之间呈"V"字形沟，按小行距 40 厘米设在垄背上，大行距 80 厘米跨垄沟，于南北两端定点划线，用镢头顺线开沟 8～10 厘米深，沟要开得直，且深度要一致。顺沟浇透水，把嫁接苗带完整土坨取出(用营养钵育苗的，要轻轻地脱去塑料钵)，按 30 厘米左右的株距，趁沟里的水未完全渗入时，把苗坨摆放在沟内，并注意将苗坨略往上提；待水渗下后，再用镢头从大行中间和小行中间调土扶垄栽苗。扶垄的行脊为25厘米左右即可，相邻两个行脊的小行之间形成小沟。在扶土栽苗时，要注意不能埋住嫁接夹，防止接穗基部产生不定根，扎入土壤，失去嫁接的意义。

黄瓜苗定植完毕后，立即清理垄沟，搂平垄面，随即覆盖幅宽130厘米的地膜。覆盖地膜时，要从一头开始，一次覆盖两行黄瓜苗，将膜边置于大行中间(大沟中间)。

22. 黄瓜果实发育与产量形成有什么特点？

黄瓜有单性结果的特性，这种特性受遗传、环境和生育状况所支配。通常春黄瓜单性结实率较高，夏、秋季黄瓜单性结实率较低；温室、大棚栽培的黄瓜单性结实率高，露地栽培的黄瓜单性结实率较低；壮株的单性结实率较高，弱株的单性结实率较低。

黄瓜的雌花生长发育的特点是：在开花后3～4天生长缓慢，1昼夜只伸长1厘米左右；到开花后5～6天伸长迅速，日伸长量可达3厘米左右；开花10天后，可达20厘米长。瓜条膨大的速度主要取决于净同化率，以及温度和水肥条件。在植株旺盛生长期，光合作用产物多，瓜条膨大快，瓜形好且鲜嫩；植株衰老，病害严重，当温、光、水、肥等条件不适宜时，会使瓜条生长缓慢，产生畸形瓜等。

23. 越冬黄瓜如何应对阴雨雪天气？

冬季阴雨雪天气，会造成保护地低温、高湿与寡照等不利于黄瓜生长发育的环境条件，尤其是连续几天的低温阴雾天气会给越冬黄瓜造成很大的危害，发生低温冷害的棚室黄瓜，轻者植株生长停止、化瓜，形成花打顶；重者植株萎蔫死棵，提前拉秧。对于这种情况，我们就要尽可能地创造适宜黄瓜生长发育的条件，把损失降到最低。

(1)防寒保温增加光照 参照第17问(1)防寒保温、(2)增加光照。

(2)预防病害发生流行 很多种病害都是在低温、高湿的条件下发生流行的，所以，阴雨雪天气时降低棚内湿度，成为预防病害发生流行的最主要手段。在棚内温度低不宜进行通风降湿时，可通过撒施草木灰的方法吸湿，降低棚内湿度，以减轻病害的发生。病害发生后，不宜采用喷雾的方法防治，应采用熏烟或喷粉尘剂的办法防治病害。

使用滴灌对黄瓜进行浇水、施肥，能大大降低棚内湿度，减少病害的发生。

24. 冬季连阴天过后如何对黄瓜进行管理?

当连阴天过后，天气转晴时，不要急于一下子将草苫全部拉开，要避免植株在阳光下直射而造成黄瓜植株萎蔫，要采取“揭花苫”的方法逐步增温增光，对受强光照而出现萎蔫现象的植株，及时放草苫遮阳，并随即喷洒15℃～20℃的温水；同时注意逐渐通风，防止闪秧闪苗。若保护地使用了卷帘机，可以通过分次拉帘的方法拉帘见光，即第一次先拉开1/3，不出现萎蔫时，再拉起1/3，第三次才将草帘全部拉开，让黄瓜有一段适应过程，以防止急性萎蔫发生。

另外，若出现了受冻植株，可先通过喷温水(温度不能太高，可以掌握在8℃～15℃，根据当时的具体情况而定，受冻严重时，水的温度要稍低)的方法进行缓解后，再用爱多收6 000倍液或纳米磁能液2 500倍液进行叶面喷洒，以促进植株生长加快。

不良天气时坐下的瓜纽，即使没有焦化，也会因营养不良出现大批畸形瓜，可适当摘除一部分；同时对出现的弯瓜可以用吊小砖瓦的方式使其变直，以提高瓜的品质。

当黄瓜出现了花打顶时，可以适当疏掉一些幼瓜，以利于枝蔓伸长。另外，喷施植物生长调理剂丰收1号，有利于增强黄瓜植株机体的恢复能力。

连阴天后，黄瓜的根系会受到不同程度的伤害，就会降低其对水分养分的吸收能力，因此，天气转晴后，可以喷施海天力、施必可、爱多收和增万金等叶面肥，增加营养元素；也可以用甲壳素等灌根，补充营养，促进新根生成。

25. 冬季保护地黄瓜高产高效有哪些障碍因素？

(1)保护地设施建造不合理，采光性能和贮热保温性能差　有些保护地设施的跨度与高度比例不适宜，尤其是前坡面的水平宽度偏大和棚脊高度偏小，造成比当地所处地理纬度条件下棚室的最佳棚面角度小5°～7°，这种棚室在冬至节前后的10～14时内，只有在12时的短时间内透光率较高，而其他时间的透光率显著偏低。由于上午是黄瓜光合作用最强盛的时期，65%～70%的光合产物是在上午制造的，所以，如果棚室的采光性能差，棚温提升缓慢，上午棚温低，就会因温度低而影响光合速率，进而影响黄瓜的产量。还有的棚室墙体厚度、后坡保温层厚度小，造成白天贮热量不够大和夜间保温性能差，严寒季节夜温往往降至8℃～10℃，甚至降到5℃。黄瓜属喜温作物，植株在12℃以下生理活动会失调，生育缓慢或停止生育；在5℃以下就会受寒害和冻害。因此，保护地设施结构不合理，采光和保温性能不良，棚温升得慢和棚温较低，都会影响黄瓜的正常生长发育，是造成冬季黄瓜不能高产、稳产的主要因素之一。

(2)选用的品种与栽培季节不适应　冬季保护地栽培的黄瓜，主要根据生育期历经的时间不同，而分为越冬茬、冬春茬、秋冬茬。栽培时，要根据各茬次所处保护地内的环境条件不同而选用相应的优良品种。因为即使同是黄瓜优良品种，不同的品种会有不同的特性，一般早熟品种的苗龄期和果实膨大期较短，前期产量高，耐低温性较强，适宜保护地越冬茬、冬春茬栽培；晚熟品种的苗龄期和果实膨大期较长，中后期产量高，耐低温性差，耐高温性强，适于露地夏秋茬栽培和保护地内秋冬茬栽培；中熟品种的特性，一般介于早熟和晚熟之间，适于日光温室冬春茬、秋冬茬和露地越夏茬栽培。同时即使是熟性相同的品种，对不同种类病害的抗性和结果习性及果实长相也不同。因此，选用良种必须了解品种的特征、特性，使优良品种与栽培茬次、栽培措施相适应。目前有的菜农仍存在盲目采用良种，造成栽培茬次与良种不配套的问题，也是障碍黄瓜高产、稳产的主要因素之一。

(3)播种期不适宜，产量高峰推迟　冬季保护地栽培黄瓜，是根据市场对产品的需求，以及产品价格和所选用品种的特性，推算出适宜的播种期和定植期的，把结果盛期安排在黄瓜畅销且价格高的季节，是所有菜农的共同愿望。但是，冬季反季节栽培黄瓜，由于受天气，尤其是灾害性天气、病害和管理技术等因素影响较大，使得预想的产量高峰与实际产量高峰在时间上有差距，即使黄瓜中后期产量高，也难以实现高效益。

(4)栽培管理技术欠妥当　黄瓜的结果习性和雌雄花比例，除受品种遗传性制约外，还受温度、光照、营养、水分和气体成分的影响较大，因此，保护地黄瓜的管理要掌握运用促进花芽分化和提高雌花形成率的技术，给予适当的短日照和昼夜温差条件，以及适宜的土壤湿度，合理调节棚室的环境条件，注意对病虫害进行及时预防、综合防治。只有当保护地内的温、光、水、气、肥等条件适于黄瓜各生育阶段的不同要求时，黄瓜才能健壮地正常生长发育。但有的菜农往往忽视管理，造成黄瓜生产不良，影响高产高效。

26. 怎样进行温室黄瓜的温度管理？

(1)气温与地温　因为黄瓜是起源于热带森林温湿地区，所以，要求高温高湿的气候条件。一般来说，由播种到果实成熟需要的有效积温为800℃～1 000℃(最低有效温度为14℃)。不同的生育阶段所要求的温度条件不同，一般情况下，黄瓜健壮植株的冻死温度为－2℃～0℃，它对低温的适应能力，常因降温的缓急和锻炼的程度而大不相同。例如，在植株未经锻炼或温度骤降情况下，2℃～3℃黄瓜就会枯死，5℃～10℃就有受寒害的可能，10℃～12℃以下，黄瓜原生质不流动，生理活动失调，生长缓慢，甚至停止生育。所以，把5℃称为黄瓜的临界温度，把10℃称为黄瓜的经济最低温度。经过低温锻炼的幼苗，即使温度下降到3℃也能忍耐。黄瓜正常生育的界限温度(包括昼夜温度)为10℃～30℃，光合作用的适宜温度为25℃～32℃。黄瓜在35℃左右同化产量和呼吸消耗处于平衡状态，35℃以上呼吸作用的消耗高于光合产量；在40℃以上，光合作用急剧衰退，代谢功能受阻，生长停止；在50℃左右的高温下，黄瓜很快就会发生日烧现象，并逐渐枯死。黄瓜原生质流动最盛的温度为32℃～33℃，到40℃～45℃时，则停止流动。

黄瓜根系对地温的变化很敏感。一般情况下，在11℃以下不发芽，最低发芽温度为12.7℃，但膨胀的种子如经

－2℃～6℃的冷冻处理，可以在10℃的低温下发芽。发芽最适温度为30℃左右，35℃以上发芽率反而降低。

当地温低时，根系不伸展，吸水吸肥能力特别是吸磷能力受到抑制，因而地上部不长，叶色变黄。黄瓜根毛发生的最低温度是12℃，最高温度为38℃；黄瓜生育最好的地温为25℃左右，最低15℃左右。如地温降至12℃以下，由于根系的生理活动受阻，会引起下部叶片发黄，所以，在春黄瓜育苗期和定植后提高地温，甚至比提高气温还要重要。地温最高不可超过35℃，地温高时，根系的呼吸量增加很快；如果地温达38℃以上，根系就会停止生长。

一般情况下，气温和地温的作用是相辅相承、相互影响的，哪一方面过高或过低，将使黄瓜生育不协调。地温气温适宜时，黄瓜根系的活动良好，茎短粗，叶厚而大，植株健壮，高产稳产。

(2)昼温与夜温 黄瓜生长过程要求昼夜有一定的温差，一般情况下，昼温为25℃～30℃，夜温为13℃～15℃，最理想的昼夜温差为10℃～12℃。因为在黄瓜生育过程中，温度对光合产量和呼吸消耗关系很大，夜间不进行光合作用，因而不需要高温，低温反而可以减少呼吸消耗；其次是夜间缺乏紫外线，温度高了，会引起徒长；再者夜温过高，同化养分运输缓慢，植株生长迟缓，甚至引起落花。黄瓜同化物质的运输虽然在夜温16℃～20℃时较快，但在10℃～20℃范围内，温度愈低，则呼吸消耗愈少，最好在日落后4小时，使同化产物的运输在20℃下进行，以后每隔4小时再分别降至16℃和13℃～10℃，这样对黄瓜产量的提高比较有利。昼温也应该有所变化，午前要高，午后要低。上午之所以要高，因为当时叶内同化产物无积蓄，空气洁净，光照强度较大，空气中二氧化碳含量较高，所以，高温可促进光合作用；下午光合势渐减，低温可抑制呼吸消耗。

(3)阴天与晴天的温度 黄瓜在阴天日照不足的情况下，较低的温度比较高的温度产量要高，所以，当阴天光照不良或日照时数少时，育苗场所的昼温和夜温都应比良好光照条件下略低一些，以减少呼吸的消耗。

27. 冬季如何降低黄瓜棚内的湿度？

由于冬季保护地内空气相对湿度较高，使得黄瓜叶片夜晚结露时间较长，是造成多种病害频繁发生的最重要的条件。因此，降低保护地内的空气相对湿度，已成为减少冬季保护地内病害发生的重要措施。

(1)通风换气 通风换气是降湿的好办法。通风必须在高温时进行；否则，会引起室内温度下降。如果通风时，温度下降过快，要及时关闭通风口，防止温度骤然下降，使黄瓜植株遭受危害。注意不能在棚内形成过堂风；否则黄瓜条不直，畸形瓜多，还易化瓜。

(2)升温 用升温来降湿，棚内温度每升高1℃，就能降低空气相对湿度2%～3%。所以，采用这种方法升温，既可满足黄瓜对温度的需要，又可降低空气相对湿度。当植株长到具有抵抗力时，浇水闭棚升温达30℃左右持续1小时，再通风排湿。3～4小时后，棚温低于25℃时，可重复1次。

(3)地膜覆盖 采用地膜覆盖可以减少土壤水分的蒸发，是降低保护地内空气湿度的重要措施。浇水时，水沿着地膜下的小垄沟内流入；覆盖地膜减少了地表水分的蒸发，也就防止了因浇水而造成的棚内空气相对湿度的大幅度提高。

(4)合理浇水 浇水是导致保护地内湿度增加的主要因

素。冬、春季生产可选择晴天沟浇或分株浇水，用地膜覆盖的可采用膜下暗灌。浇水时，要严格控制浇水量，防止保护地内湿度过高。每次浇水后适当通风，既可以降低土壤湿度，也可以降低空气相对湿度。有条件的话，可以采用滴灌系统，温室内使用滴灌系统后，散发的水分会大大减少，从而降低棚内的湿度。

(5)自然吸湿 可以利用稻草、麦秸与生石灰等材料，铺于行间吸附水蒸气或雾，以达到降湿的目的。同时在大行间覆盖10厘米左右厚的稻草、麦秸等物，还能起到提高地温的作用。

28. 冬季保护地中有哪些增加光照的措施？

在光照时间短、强度低的冬春季节，使保护地内多接受阳光照射，对提高黄瓜的产量和品质具有重要作用。具体措施有以下几种：

(1)合理布局 定植黄瓜时，力求苗子大小一致，使植株生长整齐，减少植株间的相互遮光。同时要南北向做畦定植，使之尽量多接受阳光照射。

(2)保持棚膜洁净 棚膜上的水滴、碎草及尘土等杂物，会使透光率下降30%左右。新薄膜在使用过程中，随着使用时间的延长，棚内光照会逐渐减弱。因此，要经常清扫，以增加棚膜的透明度。下雪天还应及时扫除积雪。

(3)选用无滴薄膜 无滴薄膜在生产配方中，加入了几种表面活性剂，使水分子随薄膜面流入地面而无水滴产生。选用无滴薄膜扣棚，可增加棚内的光照强度，提高棚温。

(4)合理揭盖草帘 在保证黄瓜生长所需要的适宜温度的前提下，适当早揭和晚盖草帘，可延长光照时间，增加光量。

一般太阳出来后0.5～1小时揭帘，太阳落山前半小时盖帘比较适宜。特别是在时阴时晴的阴雨天里，也要适当揭帘，以充分利用太阳的散射光。有条件的地方，安装使用电动卷帘机揭盖草帘，缩短揭盖时间，相对增加棚室内光照。

(5)张挂反光幕 用宽2米、长3米的镀铝膜反光幕，挂在棚室内北侧，使之垂直地面，可使地面增光40%左右，棚温提高3℃～4℃。此外，在地面铺设银灰色地膜，也能增加植株间的光照强度。

(6)搞好植株调整 及时进行整枝、打杈、绑蔓吊蔓和打老叶等田间管理，以改善棚内通风透光条件。

29. 春季当气温逐渐升高时保护地黄瓜该如何管理？

春季过后，随着气温的逐渐升高，保护地黄瓜生产中，就会出现一些问题，一定要注意采取综合的管理措施，才会收到事半功倍的效果。

(1)加强肥水管理 随着气温逐渐升高及蔬菜价格的降低，很多菜农开始往保护地中冲施碳铵及尿素等高氮肥料，甚至有的往保护地内冲施鲜粪。这些肥料虽然具有一定的肥效，能促进黄瓜的生长，但高氮肥料易造成土壤板结，或者是出现因放出二氧化氮而熏坏叶片的情况，而冲施鲜粪则会造成保护地内土壤中蚯蚓的大量出现，这些情况都会影响黄瓜的正常生长。所以建议以冲施高钾肥料为主。可施用以色列的海法钾宝、挪威的海德鲁高钾复合肥或美国的螯合生态复合肥、植物黄金等，但应适当减少其施用量。

(2)及时防病 保护地黄瓜进入结果中后期时，黄瓜植株长势日趋衰弱，抗病性降低，所以，侵染性病害和生理性病害都会发生较重，其中，发生较重的真菌性病害主要有霜霉病、灰霉病、菌核病和黑星病等。要加强保护地内的通风排湿及药剂防治，可喷施普力克、克霜、百可得、速克灵、农利灵和乙霉威等药剂，可根据不同的病症交替施用。

高温、高湿的情况下，细菌性病害发生较重，如细菌性叶枯病、角斑病发生较重。可用链霉素或新植霉素等药剂或含有噻枯唑、喹啉铜等成分的药剂；或者是杜邦泉程、可杀得、铜高尚、多宁与必备等药剂。

高温、干旱的情况下，病毒病发生较重。首先要注意防治虫害，其次是喷洒叶面肥，再次是喷洒病毒类药剂，如吗啉胍乙酸铜、病毒 A、病毒威、菌克毒克和植病灵等药剂。另外，多喷洒清水，也可有效预防病毒病的发生，同时可以加入纳米磁能液、施必克和金云大-120 等叶面肥一起喷洒。

越冬茬黄瓜，由于生长期较长以及高温强光照等原因会出现日烧、畸形果与生长早衰等现象，造成植株营养不足，抗病性降低，茎叶不能生长，果实不能膨大，弯果数量增多，严重影响产量及黄瓜的商品性。目前防治这类生理性病害主要是去掉老叶，同时要注意喷洒叶面肥，如海天力，或增万金，或绿芬威 2 号、3 号等。

防止保护地内的强光照，可采取铺设遮阳网、往棚膜上喷洒降温剂（或遮荫剂），也可采用往棚室薄膜上撒泥点，或用甩墨汁的方法来进行遮荫降温，效果都不错。

(3)及早治虫 随着气温的升高，害虫有了适宜发生的环境条件。当前发生较重的虫害主要有白粉虱、蚜虫、蓟马、斑潜蝇和螨虫等，随着地温的升高，线虫为害也逐渐加重。可喷洒啶虫脒、蚜虱都灭、亮剑、吡虫啉、阿维菌素和印楝素等药剂，进行病害防治；也可用阿维菌素类药剂、印楝素、辛硫磷和乐斯本等药剂，进行灌根或随水冲施来防治地下害虫。

30. 怎样才能使温室黄瓜具有发达的根系?

保护地黄瓜生产中,多数人把注意力放到了改善光、温、气等空间条件上,而对改善土壤环境,为黄瓜创造一个有利于根系发达和保持其旺盛活力的工作不够重视。俗话说:根深才能叶茂。培育发达而具有旺盛生命力的根群,是保证黄瓜获得高产优质的重要措施之一。但近年来,由于化肥的大量不合理使用,使得很多棚室的土壤都出现板结、盐碱化以及土传病害增多的现象,抑制了黄瓜根系的正常生长发育,降低了黄瓜的产量和品质。因此,培育温室黄瓜发达的根系,可以采取下面的几项措施:

(1)深翻土壤、增施充分发酵腐熟的有机肥 对土壤进行深翻是消除土壤板结、增加活土层的基础。在深翻的同时,大量施入充分发酵腐熟的有机肥,不仅可以给黄瓜提供长效多元素的营养,同时还可以改良土壤结构,提高土壤理化性能,为黄瓜的生长提供具有良好通透性和缓冲能力的土壤条件。

(2)培育多根苗和保护好幼苗根系 黄瓜的基本根系是在育苗期形成的。育苗期间,培育根系发达的秧苗,并在育苗过程和移栽时,保护好这些根群,不仅可提高成活率,缩短缓苗期,也为早熟高产奠定良好的基础。从护根的角度来看,因为黄瓜根系木质化程度高,发生木质化时间早,伤根后难以再生,所以,采用穴盘、营养钵、塑料筒或纸袋等容器育苗是非常必要的。同时,黄瓜茎基部具有生不定根的能力,尤其是幼苗生不定根的能力强,不定根有助于吸收肥水,因此,栽培上常有“点水诱根”之说。在栽培过程中,茎基部经常形成一些根原基,采取有效措施,创造适宜诱根环境,促其根原基发育成不定根,有助于植株生长发育。育苗期间的炼苗、定植后的蹲苗都可诱发新根的产生和深扎。

(3)采用科学配方施肥技术 不同的肥料对根系的发生与发展作用是不一样的。比如,钙直接影响根尖分生组织的成长,锌决定根尖的生长速度,磷能促进根系细胞的分裂、增殖和伸展。因此,在苗床、栽培地施肥时,都要注意施用过磷酸钙和硫酸锌。如果在施用过磷酸钙肥料时,添加一定数量的食用醋,可形成具有一定溶解度的醋酸钙,能提高黄瓜对钙的吸收利用率。

(4)注意保护好根系 根系在其生命过程中会因低温、高温、积盐、肥烧和机械损伤等而受到伤害。低地温时,根系会发生寒根和沤根;高地温会使根系过快地衰老;土壤的高溶液浓度会使根尖和根毛受到损伤和抑制,使根系的吸收能力大大降低;施肥不当或不适宜的中耕松土,可能会直接使根系受到损伤。因此,棚室黄瓜的生产中,在深翻土壤、增施充分发酵腐熟的有机肥的基础上,适时播种、适期嫁接、定植、适时覆盖和揭除地膜、采用科学配方施肥技术和中耕松土等,都是保护根系的重要措施。

(5)及时促进受害根系的恢复 在棚室黄瓜的栽培中,黄瓜的根系一旦受到伤害,要尽快采取措施促使其恢复。要针对发生的病害种类选用适宜的药剂进行灌根处理,同时加入生根壮苗剂促发新根。另外,在日常管理过程中,可以使用生物菌肥或甲壳素等预防病害的发生。

31. 冬季棚室种植黄瓜应注意哪些问题?

(1)有机肥必须充分腐熟才能施用 未经充分腐熟的有机肥施到棚室后,遇高温会很快发酵。在发酵过程中,会产生大量的氨气,轻者造成黄瓜叶片出现水浸状斑点,重者能使棚室内所有黄瓜植株叶片褐变枯死。

(2)冬季严禁大量施用氮肥 氮肥遇水后在分解过程中会使水温大幅度下降,促使地温降低,影响黄瓜植株的正常生长。同时,如果氮肥用量过大,也容易造成氨气中毒。

(3)定植时肥料不能集中施用 各种化学肥料,特别是氮肥,在高温、潮湿时,会产生大量的有害气体;如集中施在定植沟内,会导致黄瓜烧根死苗。

(4)定植不能过深 现在菜农都用嫁接苗进行生产,黄瓜嫁接是为了抗病。如果定植过深,黄瓜会生出再生根,失去嫁接作用,达不到嫁接防病的目的。

(5)阴雨雪天要注意及时揭草苫 人们往往认为,阴雨雪天气揭草苫,会使棚室内的温度下降,因此,不揭草苫。实际上揭草苫还能使黄瓜接受太阳的散射光,而不揭草苫棚内温度只会慢慢下降;还会因黄瓜长期不见阳光,而造成生理紊乱,严重者还会出现死苗。

(6)晴天上午喷药,中午、傍晚不能喷药 中午喷药温室内温度太高,叶片水分蒸腾快,药物还没被吸收就晒干了,特别是锰锌类药,不仅降低了药效,还会造成药害。傍晚喷药正好和中午相反,因喷药后没被黄瓜叶片完全吸收,就会因受潮而分解失效,不仅达不到治疗的目的,还会因喷药增加了棚室内的湿度而加重病害的发生。

(7)注意不能落秧过矮 一次性落秧过矮,会使叶片受光面积减少,黄瓜的光合作用减弱,影响瓜秧正常生长,一般以保留 15～20 片功能叶片为宜。

(8)黄瓜不能与番茄同棚栽培 每种作物在生长发育的过程中,植株和根系都会产生一些分泌物,这是植物的一种本能。而黄瓜、番茄分泌出来的分泌物,具有互相抑制生长发育的作用。如果二者同棚栽培，其生长发育都会受到严重的抑制，从而使双方的产量、品质和栽培效益降低。黄瓜和番茄都极易发生蚜虫为害，一旦一方遭受蚜虫为害，另一方便会很快被传染，从而造成严重的危害。黄瓜和番茄在生长发育过程中，所需的温度条件不同，二者同棚栽培，菜农在温度管理上因不能互相兼顾而顾此失彼，从而使二者的产量、品质和经济效益都降低。

32. 怎样进行温室黄瓜的整枝?

温室黄瓜栽培中的整枝方式，大多采用挂钩(也有用吊绳的)斜吊法进行单干整枝。此法不仅能使黄瓜全株得到充分而又均匀的光照，而且尤其适合棚室长时间栽培种植。但在实际生产中，还要根据栽培黄瓜的品种类型、栽培季节、设施类型，以及不同整枝方式对产量的影响和人力、成本等方面的因素进行综合权衡，选择采用合理的整枝方式。

(1)品种类型 ①有刺长黄瓜。目前北方地区主栽品种类型是华北型有刺品种。该类型雌性系品种比较少，主干上并非每节都有雌花，不少品种有侧枝雌花多的特点。因此，最适宜的整枝方式应该是：以挂钩斜吊法为主，同时每节位发生的侧枝不要过早去除，保留 1～2 朵雌花，其余部分去掉，这样基本上每节都能有瓜。对于侧枝上每节都发生雌花的“侧枝雌性系”品种，可以采取“换头法”，即在第一、第二节位侧枝长出后，选留一较壮实的侧枝，把主干和其他侧枝去掉，如此就把该品种人为改造成了雌性系了。②无刺短黄瓜。雌性系品种居多，不少品种每节位都有多个雌花发生，因此，基本上全部采用单干整枝法，生产上也都是以挂钩斜吊法为主，同时配合疏花疏果。无刺短黄瓜生长速度较快，不易徒长，但易早衰。在晚春—夏季—早秋这一时间段内，可采用粗放型整枝方式，即用1根短绳把主干牵引到顶端吊绳铁丝上后，任其自然生长。试验表明，采取此种粗放型整枝方式，单茬采收期比挂钩斜吊法短一些，单茬产量也低一些，但在较长一段时间内的总产量并未明显降低。而且，如果根据温室茬口安排的要求，需要在5个月左右的时间里种两茬黄瓜的话，这种方式就会显示出其优越性，可以减少温室闲置期，其两茬的产量和挂钩斜吊法只能种植一茬相比，明显要高得多。更为重要的是，采用这种整枝方式，可以大大降低人力成本。

(2)栽培季节 ①秋冬和早春。这一时间段内，是温室黄瓜栽培经济效益比较高的时期。选用整枝方式时，首先要考虑的是保持植株长势，力求高产稳产。目前生产上黄瓜整枝，以挂钩斜吊法为主，有刺长黄瓜每节留一段侧枝提高雌花节率，而无刺短黄瓜要辅助以疏花疏果。注意在严寒季节或灾害性连阴天情况下，要摘除部分或全部雌花和幼瓜，以保护植株安全度过低温、寡照期，避免低温冷害冻害的发生。②夏、秋季。这一季节由于温度高，水肥往往供应也比较充足，黄瓜易发生徒长，所以，要选用雌花节率高的品种。整枝方式以粗放型吊绳法为宜。

(3)设施类型 ①连栋温室。大型连栋温室内，主茬栽培黄瓜的整枝方式以挂钩斜吊法为主。在夏、秋季抢茬栽培时，可以视情况采用粗放型吊绳法等整枝方式。②塑料大棚。由于棚的高度有限，受空间限制，栽培黄瓜整枝方式以粗放型吊绳法为宜。③日光温室。日光温室黄瓜一般是进行秋—冬—春长季节主茬栽培，黄瓜整枝方式以挂钩斜吊法为主。根据选用的品种特性采用侧枝结果法、换头法等其他辅助整枝方式。

(4)产量要求 要求前期产量高的，可在结果前期，每节留侧枝增加坐瓜条数；要求总产高的，可采用挂钩斜吊法整枝，进入开花期后摘掉第一、第二朵雌花，并注意肥水管理使植株协调生长。

(5)人工成本 在经济发达，工人工资水平较高的地方，多采用粗放型吊绳法；在劳动力成本较低的地方，多采用挂钩斜吊法。

另外，整枝方式的选择还要考虑市场需求，不同的整枝方式，还要配合以不同的肥水管理措施。总之，要根据自己种植特点，选择最适合黄瓜生产的整枝方式。

33. 温室黄瓜落蔓需注意哪些问题？

温室黄瓜的栽培时间比较长，一般采取以挂钩斜吊法为主的整枝法，不采取摘心或换头等技术控制其生长，所以，黄瓜植株的高度一般都可长到3米以上。

植株过高，尤其当植株顶到棚顶薄膜时，不仅影响薄膜的正常透光，植株间相互遮荫，导致温室内通风透光不良，而且在寒冷冬季容易造成黄瓜龙头遭受冻害；一方面影响黄瓜的产量和品质，另一方面容易导致病害的发生和传播，不利于黄瓜的正常生长。所以，为使黄瓜植株能继续生长结瓜，采取落蔓技术是行之有效的好方法，即将植株整体下落，让植株上部有一个伸展空间，继续让黄瓜生长结瓜，实现温室黄瓜的高产、高效、优质栽培。

具体落蔓方法：当黄瓜满架时，就开始落蔓。落蔓时，先将瓜蔓下部的老叶和瓜摘掉，而后将瓜蔓基部的吊钩摘下，瓜蔓即从吊绳上松开，用手使其轻轻下落顺势圈放在小垄沟上的地膜上（温室黄瓜采用地膜栽培），瓜蔓下落到要求的高度后，将吊钩再挂在靠近地面的瓜蔓上；然后将上部茎蔓继续缠绕、理顺，尽量保持黄瓜“龙头”上齐。

落蔓应注意的问题：

(1)落蔓前 ①黄瓜落蔓前7～10天最好不要浇水，以降低茎蔓组织的含水量，增强茎蔓组织的韧性，防止落蔓时造成瓜蔓的断裂。②落蔓前，要将下部的叶片和黄瓜摘掉，防止落地的叶片和黄瓜发病后，作为病源传播侵染其他叶片和黄瓜。

(2)落蔓时 ①要选择晴天，且不要在上午10时前或浇水后进行；否则，茎蔓组织含水量偏高，缺乏韧性，容易折断或扭裂。②落蔓的动作要轻，不要硬拉硬拽。③要顺着茎蔓的弯向引蔓下落，盘绕茎蔓时，要随着茎蔓的弯向把茎蔓打弯，不要硬打弯或反向打弯，避免折断或扭裂茎蔓。④瓜蔓要落到地膜上，不要落到土壤表面，更不允许将瓜蔓埋入土中，以避免黄瓜茎蔓在土中生不定根，失去嫁接的意义。⑤瓜蔓下落的高度一般在0.5～1.0米。保持有叶茎蔓距垄面15厘米左右，每株保持功能叶15～20片。具体高度应据黄瓜长势灵活掌握。若下部瓜很少或上部雄花多雌花少，瓜秧长势旺，可一次多下落些；否则可少落些。注意保证棚内植株间高度相对一致，即东西方向高度一致，南北方向是北高南低趋势。

(3)落蔓后 ①加强肥水管理，促发新叶。追肥方式以膜下沟冲施肥法为宜。②落蔓后，要加强防病措施。根据黄瓜常发病害的种类，随即选用相应的药剂喷洒防病。③落蔓后的几天里，要适当提高温室内的温度，促进茎蔓的伤口愈合。④落蔓后，茎蔓下部萌发的侧枝要及时抹掉，以免与主茎争夺营养。

34. 秋季黄瓜如何采用“诳蔓法”进行落蔓管理？

秋黄瓜，处暑种。处暑时节，高温干旱，种植秋黄瓜不宜地膜覆盖。因为此时棚内气温高，常高达35℃以上；地表温度更高，时常达40℃左右，远远超过了黄瓜正常生长所需要的适宜温度（22℃～28℃），不利于黄瓜正常生长发育。如果覆盖地膜，地表热量挥发不出去，根基周围容易形成高温的环境，常常会灼伤根系，不利于形成壮棵。

但是，在不覆盖地膜的情况下，黄瓜生长中后期落蔓时，蔓与地面接触会引起病害发生，甚至导致烂蔓死棵，影响秋黄瓜的产量。怎么办？寿光市化龙镇李家村李金鑫琢磨出了“诳蔓”的管理方法，解决了不盖地膜与烂蔓的矛盾。

诳蔓，即折叠式落蔓，就是黄瓜龙头南北反复牵引，使黄瓜茎蔓保留在半空中，不与地面接触，从而实现矮化植株、延长结果期且不发生烂蔓死棵的一种落蔓方法。

诳蔓简便易行，可操作性很强；还可保持植株垂直高度一致，便于田间管理。该方法除了避免茎蔓与地面接触而减少烂蔓发生外，还具有抑制茎蔓徒长，协调植株平衡生长的作用。诳蔓与传统的落蔓相比较，还有利于黄瓜瓜条的生长，使瓜条直，瓜色绿，商品性强。

当黄瓜长到七八片叶，植株高度达到50～60厘米高时进行吊蔓。在吊蔓前，除将与黄瓜植株对应的吊绳系在钢丝上并进行吊蔓外，还要在每行黄瓜南北两端各多系1条吊绳，以备诳蔓使用。吊蔓时，还应将黄瓜子叶及下部1～2片病叶、黄叶清出棚外，以减轻病害的发生。

当植株长到170～180厘米高时，开始诳蔓，即将定植行最北端的黄瓜龙头牵引绑到事先预留的北端的吊绳上，北端第二棵黄瓜龙头牵引绑到与第一棵黄瓜对应的吊绳上，向南依次类推，使植株垂直高度保持在130～140厘米。当植株垂直高度再次长到170～180厘米时，再将定植行最南端的黄瓜龙头牵引绑到事先预留的南端的吊绳上，从南端数第二棵黄瓜龙头牵引绑到与第一棵黄瓜对应的吊绳上，向北依次类推。

每次诳蔓时，应结合落蔓进行摘叶，以减少病菌侵染，增强棚室的通透性，但摘叶不可过狠，以免造成光合产物供应不足，影响黄瓜的产量和质量。在黄瓜正常结瓜的期间，摘叶的原则是保证每棵植株至少保留15片功能叶。

35. 如何管理才能使棚室越夏黄瓜高产优质？

近几年来，菜农栽培越夏黄瓜的效益很好，所以，越夏黄瓜栽培已经逐渐为菜农所接受。但是，越夏黄瓜的栽培正好在高温、强光条件下进行，这就使得越夏黄瓜的管理有了很大难度。为获得越夏黄瓜的高产优质，在管理中要注意以下几点：

一是越夏黄瓜多直播在前茬作物的垄上，待苗子出齐后，为防地温过高蒸了苗子，可将原来的地膜撤去。当黄瓜苗子长到3～4片真叶时，可用一小袋增瓜灵（5克）对水6升喷4000株。在株高50厘米以上时，除保留最上边3个雌花外，其余叶芽和花全部摘除。当植株长到1～1.5米，雌花开放后，蘸花前后适时摘心。

二是一般在第二至第三条黄瓜收获期间，可将主蔓摘心，健壮的侧蔓就会相继萌发并迅速生长，选择1条健壮无病的侧蔓作为主蔓进行更新培养。这样，经过更新的主蔓长势粗壮，叶片大，结出的瓜品质好；待到更新的主蔓上摘完第二条瓜，可继续打头，继续选留健壮无病的侧蔓作为主蔓进行更新培养，如此反复进行，并适时落蔓。最后 1 次摘心选留主蔓时，如市场行情好，可以多留几个瓜，以增加产量，提高效益。

越夏黄瓜管理过程中，不断地进行摘心换头，保证了植株营养近距离运输，避免了叶小、茎细、雌花少的现象。瓜条既能接受到充足的营养供应，上色好，品质佳；也减少了落蔓次数。

三是越夏黄瓜的生长期正值高温多雨季节，一定要及时防治细菌性病害，可选用必备、多宁铜制剂，混合其他类防治真菌的杀菌剂进行喷洒。

36. 怎样浇水才能适应棚室黄瓜对水分的要求？

黄瓜根系浅，既喜湿怕旱，又不耐涝，适宜的土壤湿度为 85%～95%，适宜的空气相对湿度白天为 80%，夜间为 90%。保护地栽培条件下，空气相对湿度一般白天较低，夜间较高。但在阴雨雪天气，空气相对湿度较大，超过 80%～90%以上时，叶表面会形成水膜，不仅干扰气体交换，而且还能对光线产生反射作用，影响光合强度；另外，由于空气相对湿度大，蒸腾作用受阻，又会影响水分和养分的吸收，因而会导致光合作用减弱，生长势衰退；同时叶面的结露时间长，为病菌的繁殖蔓延创造了有利条件，所以，阴雨雪天气多时，黄瓜总是生长发育不良。

(1)浇水时要看墒情，且量要适宜　在浇水时，要根据当时的墒情决定是否浇水。其依据是：土壤能手握成团，落地散开应浇水，落地不散可暂时不浇水；绝不可根据天数决定是否浇水。同时浇水时不能过量。因为水的比热大，冬季浇水过量，不仅容易导致地温下降，还使得土壤透气性差，造成黄瓜沤根、生长缓慢和产量低等现象的发生。在需要浇水时，只需在小垄沟内浇小水，而且浇水后，要提高棚室内的温度，避免地温下降造成根系受伤。

(2)肥料随水浇施，且要遵循冬浇热、夏浇凉的原则 肥料可随水冲施，以便于肥料的溶解吸收，不致造成烧根、烧苗现象的发生，还能充分发挥肥效。冬天浇水要在晴天的上午进行，便于浇水后提高棚温，借以恢复地温，降低棚内湿度；夏天温度高，要在早晨或傍晚浇水；不至于使地温出现大的波动，有利于黄瓜根系的生长发育。

(3)浇水前要防病，尤其要注意土传病害的防治 黄瓜植株往往因为湿度大而病害多，所以，要在浇水前喷药防病；否则，会造成霜霉病、褐斑病、灰霉病、细菌性角斑病和细菌性叶枯病等病害的发生和流行。由于土传性病害的病菌主要是通过水流进行传播的，所以，一旦发现有土传病害，一定要先灌药防治 1～2 次后再浇水，否则会造成土传病害的大面积发生。

37. 温室进行二氧化碳施肥对黄瓜有何影响?

绿色植物在进行光合作用时，都要吸收二氧化碳放出氧气。二氧化碳是植物光合作用的重要原料之一，在一定范围内，植物的光合产物随二氧化碳浓度的增加而提高，二氧化碳气肥在保护地蔬菜生产中的作用尤其明显，可以大大提高光合作用效率，使之产生更多的糖类(碳水化合物)。在保护地黄瓜栽培中，二氧化碳亏缺是限制黄瓜高产高效的重要因素之一。

大气中二氧化碳的含量一般为 300 毫克/立方米，这个浓度虽然能使黄瓜正常生长，但不是进行光合作用的最佳浓度。黄瓜在保护地栽培时，密度大且以密闭管理为主，通风量小，尽管棚内黄瓜呼吸、有机肥发酵与土壤微生物活动等均能释放出一部分二氧化碳，但只要黄瓜进行短时间的光合作用后，棚内的二氧化碳含量就会急剧下降。根据用红外线气体分析仪测试得知，4 月份保护地内二氧化碳浓度最高值是早晨拉帘前，达 1 380 毫克/立方米；等到日出拉开草帘后，随着光照强度的增加和温度的升高，光合速率加快，棚内二氧化碳的浓度迅速下降，到 11 时时，棚内二氧化碳的浓度降至 135 毫克/立方米。由此可见，棚内二氧化碳亏缺程度是很大的。棚内二氧化碳浓度低于自然大气水平的持续时间一般是从 9 时到 17 时，17 时以后，随着光照强度的减弱、停止通风、盖帘，棚内二氧化碳浓度才逐渐回升到大气水平以上。当棚内温度达到 30℃开始通风后，棚内的二氧化碳应得到外界的补充，但远低于大气水平而不能满足黄瓜的正常生长发育。大量测量结果表明，每日有效光合作用时，保护地内二氧化碳一直表现为亏缺状态，严重影响了黄瓜光合作用的正常进行，制约了黄瓜产量的提高。

通过试验证明，合理施用二氧化碳气肥，黄瓜的光合速率会提高，植株体内糖分积累增加，从而在一定程度上提高了黄瓜的抗病能力。增施二氧化碳，还能使叶和果实的光泽变好，外观品质提高，同时黄瓜的维生素 C 的含量大幅度提高，营养品质改善。可使黄瓜增产 30%～70%，效益相当可观。

38. 怎样对保护地黄瓜进行二氧化碳气体施肥？

二氧化碳气肥的施用方法比较简便，目前常用的主要有以下 5 种方法：液态二氧化碳释放法、硫酸与碳酸氢铵反应法、碳酸氢铵加热分解法、燃烧气肥棒二氧化碳释放法和固体二氧化碳气肥直接施用法。同时，还可采用微生物法，使增施的有机肥，在微生物的作用下缓慢释放二氧化碳，可作为补充。

(1)液态二氧化碳释放法 钢瓶二氧化碳气的供应，可根据流量表和保护地体积准确控制用量。但由于钢瓶中二氧化碳温度很低（可达－78℃），在向保护地中输入前必须使其升温；否则会造成棚内温度下降，不利于甚至会危害黄瓜的生长。故在使用时，需通过加热器将气体加热到相对比较恒定的温度再输出。输出时，选用直径为1厘米的塑料管，通入保护地中。因为二氧化碳的比重大于空气，所以，必须把塑料管架离地面，最好在棚内较高位置。每隔2米左右，在塑料管上扎上1个小孔，把塑料管接到钢瓶出口，出口压力保持在1～1.2千克/平方厘米，每天根据情况放气8～10分钟即可。

此法虽比较容易实现自动控制，但在气温高的季节，还是不利于实施。

(2)硫酸与碳酸氢铵反应法 此方法是用二氧化碳发生器来进行的。所选用的原料是碳酸氢铵和硫酸，塑料管架设方法同上。其原理是通过碳酸氢铵和硫酸反应释放出二氧化碳，供给黄瓜进行光合作用，所生成的副产物——硫酸铵可用做追肥。

$$2NH_4HCO_3 + H_2SO_4 = (NH_4)_2SO_4 + 2CO_2\uparrow + 2H_2O$$

(3)碳酸氢铵加热分解法 用专用容器装入碳酸氢铵，加热使其分解出二氧化碳、氨气和水。

$$NH_4HCO_3 \rightarrow CO_2\uparrow + 2H_2O + NH_3\uparrow$$

将分解出的气体通过一个容器过滤，把氨气溶解到水中，只放出二氧化碳；然后通过架设的塑料管释放到保护地中，供黄瓜进行光合作用。

(4)燃烧气肥棒二氧化碳释放法 直接燃烧成品的气肥

棒，即可产生二氧化碳，供黄瓜吸收利用。此法简便易行，安全，成本低，效果好，易推广。

(5)固体二氧化碳气肥直接施用法 通常将固体二氧化碳气肥按每平方米2穴，每穴10克施入土壤表层，并与土壤混合均匀，保持土层疏松。施用时，勿靠近黄瓜的根部；施用后，不要用大水漫灌，以免影响二氧化碳气体的释放。

39. 保护地黄瓜进行二氧化碳气体施肥时应注意哪些问题？

一是施用二氧化碳气肥时，棚内温度要在15℃以上，且要在拉帘后1小时开始施用，通风前1小时结束。

二是施用适期一般在黄瓜坐住瓜后，二氧化碳相当亏缺时；并且要在晴天上午光照充足时施用，浓度可掌握在1 500～2 200毫克/立方米；少云天气可少施或不施，阴雨雪天气不能施用。

三是用硫酸碳铵反应法的，对于反应所产生的副产物——硫酸铵，在使用前应先用pH试纸测其酸碱度。若pH小于6，则须再加入足量的碳酸氢铵，中和多余的硫酸，使其完全反应后，方可对水，作大田追肥用。并在整个反应过程中，做好气体输出的水过滤工序，以减少与避免有害气体的释放。

同时，各项操作要小心，以防硫酸溅出或溢出，而且在浓硫酸稀释时，一定要把浓硫酸倒入水中，千万不能把水倒入浓硫酸中。因为水的比重比浓硫酸的小，把水倒入浓硫酸中时，水容易溅出来伤人。碳铵易挥发，不能将大袋碳铵放入棚内，防止黄瓜遭受氨气的毒害；应将它分装后，带入棚内使用。

四是黄瓜施用二氧化碳气肥后，光合作用增强，要相应改善水肥供应，并加强各项管理措施，以便达到高产稳产的目的。

40. 如何根据黄瓜的营养特性合理施肥？

(1)黄瓜的营养特性 黄瓜属浅根系植物，根系入土浅，主要根系分布在15～25厘米的耕作层中，根系再生能力弱，吸收能力差，对外界环境反应敏感。当土壤缺水或者肥料浓度过高时，根系会发生腐烂。黄瓜根系对氧要求严格，表层土壤空气充足，有利于根系进行有氧呼吸。所以，黄瓜定植时宜浅栽。黄瓜不耐旱，耐盐能力差，喜肥但不耐肥，适宜中性至偏酸性土壤。黄瓜对营养元素的需求较多，生产1 000千克黄瓜需要氮2.7～4.1千克，五氧化二磷0.8～1.1千克，氧化钾3.5～5.5千克。黄瓜对营养元素的吸收，大致与其生长发育进程同步，即对营养元素的吸收随生长量的增加而增加。由于黄瓜生长本身大致符合S型曲线，其生育过程中，营养元素的吸收曲线也必然与之一致。有研究表明，黄瓜定植时，吸收的氮素只占全生育期的1.9%，定植30天后，增至26.9%，定植50天后，增至59.6%，到70天后，吸收量占到全生育期的82.9%，以后逐渐减少。其他营养元素吸收的大致规律基本与氮素相似，不同的是，吸收量的大小有所差异。

(2)氮、磷、钾在黄瓜生长发育过程中的作用 ①氮素的作用：氮素是影响黄瓜生长发育的重要元素。黄瓜缺氮时，植株生长缓慢，茎叶细小、褪绿且生长缓慢；严重缺氮时，根系不发达，吸收能力差，花芽分化不良，易落花落果，且畸形果多，产量下降。氮肥过量时，黄瓜上部叶片变小，花芽分化延迟，生长点停止生长，易出现花打顶、畸形瓜，甚至引起化瓜。氮肥过量，磷、钾不足时，产生苦味瓜。另外，黄瓜对氮素的吸收具有选择性，黄瓜喜硝态氮。当只有铵态氮供给时，叶色变浓，叶片变小，且生长缓慢，钙、镁吸收降低。②磷素的作用。黄瓜对磷的适应范围较广，适当增高其浓度，不仅有明显的促进生长作用，而且黄瓜的雌花百分率提高。但苗期对磷素比较敏感，幼苗缺磷时，子叶淡黄下垂，真叶浓绿而发育不良。③钾素的作用。钾素也是黄瓜吸收量最多的元素之一。钾素不足，无论是对黄瓜的营养生长还是生殖生长都有很大的影响，尤其是在生育的前期缺钾，危害更为严重。缺钾时，植株矮化，节间短，叶片小，叶缘渐变黄绿色，后期叶片逐渐枯死，症状从下向上发展；果实发育不良，出现大肚瓜。

(3)合理施肥技术 黄瓜根系属弱根系，吸收能力较差，对土壤通气条件要求较高。因此，施肥时，一定要遵循黄瓜的需肥特性来进行，否则，很容易出现生理性障碍，影响其生长发育及产量。

①配制能促进苗壮和增加雌花分化形成的苗床营养土，创造适宜黄瓜苗期生长的良好的营养条件。黄瓜幼苗根系较弱，在土壤中分布较浅，主要分布在土表10厘米的范围内，其生长发育及养分的吸收要求良好的土壤通气条件，忌土壤板结透气性不良，而且由于吸肥力较弱，肥料浓度不能太高，否则容易造成烧苗现象的发生。因此，黄瓜育苗要配制苗床土。营养土的配制方法是：田土与充分发酵腐熟的有机肥的适宜比例是6∶4～7∶3。每立方米营养土中，可加入15－15－15复合肥1500克或磷酸二铵、硫酸钾各500克，或施入尿素和硫酸钾各500克，或过磷酸钙3000克。同时，为防止土传病害的发生，每立方米营养土应加入70％甲基托布津，或50％多菌灵100克。将土、肥混合调拌均匀后，用塑料薄膜封严发酵，播种时过筛使用。有机肥采用充分腐熟并打碎过筛的厩

肥、马粪，或者用3∶7～2∶8的鸡粪和牛粪混合发酵腐熟。②增施充分发酵腐熟的优质有机基肥。黄瓜根系的需肥特性决定了它对有机肥的施用有着特殊的要求。一般来说，在有机质含量较高（大于3%）的土壤上栽培黄瓜，容易获得高产，在土壤有机质含量较低时，更应该重视有机肥的施用。优质有机肥主要是指比较疏松且养分含量较高的肥料，如鸡粪、猪粪、马粪与人粪混合发酵的肥料等。寿光菜农通过实践得出"斤有机肥产斤瓜"的施肥规律，所以，日光温室黄瓜一般每667平方米施有机肥1.5万千克。在施肥时，几乎全部有机肥料都做基肥施入，所施的化肥，除氮肥和钾肥外，其他如磷肥、钙镁肥也主要以基肥施入。有机肥在施入前1～2个月，就要发酵腐熟好，避免因有机肥在发酵腐熟过程中，释放出的热量、氨气、一氧化氮和二氧化硫等烧坏、熏坏黄瓜幼苗和根系。③追肥要多次少量。黄瓜枝叶繁茂，在棚室支架栽培条件下，叶面积指数可达到5～6以上，果实产量高，对养分的需求量较大。但是，黄瓜属浅根系，吸收力较弱，喜肥但不耐肥，土壤溶液浓度较高时，容易造成伤根。所以，施肥时，一次不能施太多，必须是勤施少施，以免浪费和造成生理障碍。

定植缓苗后，以促根壮秧为目的，可以施1次提苗肥，提苗肥的数量要根据苗情适量追施，不能太大，防止秧苗徒长。一般可每667平方米追施5～10千克，沟施或穴施后浇水。

提苗肥施后，黄瓜植株生长迅速，进入黄瓜营养生长与生殖生长的转折期，在根瓜坐住前，不能追肥浇水，避免黄瓜枝叶徒长而影响坐瓜。当根瓜坐住后，植株由营养生长为中心逐渐过渡到生殖生长为中心，这时可以进行第二次追肥，一般可随水冲施磷酸二铵等肥料。进入结果期后，生长量急剧增加，很快进入产量高峰期，需肥量也逐渐达到高峰，此时可每浇1次水施1次肥，或隔1次水施1次肥。另外，为补充盛果期的营养不足，可以进行根外施肥，如施用海天力、绿菌素等，不仅可以起到补肥增产的作用，而且还可以防止微量元素缺乏症的出现。

41. 怎样施用基肥才能使温室黄瓜获得高产稳产？

(1)施足充分腐熟的有机肥 黄瓜属于喜肥、耐肥的蔬菜。棚室栽培黄瓜一定要施足基肥，目前菜农大多都施用鸡粪、猪粪、豆饼、豆面、鹌鹑粪和稻壳等有机肥做基肥，并且一般每667平方米用量为15 000～20 000千克，每667平方米产黄瓜15 000～20 000千克。对于这种实践规律，寿光菜农称作“斤有机肥产斤瓜”，有机肥作为基肥施用，是由于有机肥具备养分全面、改良土壤、改善黄瓜品质、提高土壤和黄瓜的抗逆能力等优点，但是，有机肥施用过程中，存在不能完全腐熟以及有些有机肥质量差等问题，容易造成黄瓜烧根，甚至发生气害、虫害等现象。

建议菜农在施用有机肥时，一定要将肥料进行充分的腐熟。比如，可将有机肥进行一定时间的堆沤，可在粪池中加入麦秸以及生物菌(如肥力高等)以促进有机肥发酵。施用充分发酵腐熟的有机肥才能获得良好的施用效果。也可选用成品的有机肥，如多维强力有机肥、土根丈丸或丸井等。其用量与施用鸡粪等有机肥的肥效相同即可。

(2)大量元素氮、磷、钾的补充要适量 由于棚室内的肥料不容易流失，所以，过量施用化肥会引起土壤中盐类浓度的增加，轻则影响黄瓜的生长发育，重则导致土壤的次生盐渍化。因此，施肥前，要进行肥力测定，实施配方施肥，一定不要盲目过量施用化肥，以免引发营养元素不平衡，产生生理病害或烧苗死棵。

目前，对氮、磷、钾元素的补充，主要有以下两种方式：①施用氮磷钾复合肥或复混肥。目前以施用氮磷钾复合肥或复混肥的居多，而控释、缓释复合肥是今后施用肥料的发展方向，一般每 667 平方米黄瓜需要 100～150 千克。当然，部分菜农还会在黄瓜起垄定植时，再在定植穴中施肥。②施用磷酸二铵加钾肥。有的菜农以磷酸二铵加钾肥补充氮、磷、钾元素，一般是每 667 平方米黄瓜需要二铵 75～100 千克，钾肥用硝酸钾或硫酸钾 50～100 千克。

(3)中量、微量元素的补充要得当 钙、镁、硫为中量元素，目前一般有以下几种补充方式：一是补充过磷酸钙或钙镁磷肥。用这种方式补充的钙肥或镁肥，一般其营养不易为黄瓜所吸收。二是补充硝酸钙及硫酸镁。目前硝酸钙的施用量较多，黄瓜一般每 667 平方米用 50 千克左右。硫酸镁每 667 平方米用量为 20～30 千克；也有不用镁肥的，在以后的管理过程中，以叶面喷洒为主来补充营养。

微量元素为硼、锌、锰、铁、铜、钼、氯等营养元素。微量元素是植株体内酶或辅酶的组成部分，有的具有促进生长素、细胞分裂素等激素的合成或运输的作用，具有很强的专一性，是黄瓜正常生长发育所不可缺少或不可替代的一部分。因此，当黄瓜缺乏任何一种微量元素时，生长发育就会受到抑制，导致减产和品质下降，严重时甚至绝收；但也不能随便增加其施用量，否则会因微量元素过量而发生植株中毒现象。目前常规用量为每 667 平方米用硫酸亚铁及硫酸锌 2.5～3 千克，硼砂(或硼酸)及硫酸钼 1～1.5 千克。

当然，微量元素的具体施用量，最好配合测土施肥来确定合适的配方施肥。根据平衡施肥的原则来进行施肥，即可达到高产稳产与减少病虫害，以及降低土壤盐渍化程度的目的。

42. 腐殖酸在温室黄瓜的生产中有哪些作用？

腐殖酸在黄瓜生产过程中，不仅可以增强植株的抗逆力，提高肥料的利用率，而且还能改良土壤，改善黄瓜的品质。

（1）增施腐殖酸，能够提高肥料的利用率 黄瓜是喜肥作物，需肥量较大，故而在一定范围内，增施肥料对黄瓜的生育、产量及品质有着显著的促进作用。但过量施用，不仅肥效下降，造成经济上的巨大浪费，而且还会破坏土壤结构，造成土壤板结、环境污染。腐殖酸既具有一般化肥的速效增产作用，又具有有机肥料的活化土壤、缓释培肥作用，而且无公害、无污染。它对于解决既要发展农业又要保护环境的矛盾，促进生态良性循环有着十分重要的意义。

腐殖酸含有羟基、酚羟基等酸性功能团，有较强的离子交换能力。施入土壤后，在一定程度上起贮存无机氮肥的作用；还可以促进根系发育及植株体内氮素代谢，促进植株对氮的吸收，进一步提高氮素特别是尿素的利用率；腐殖酸与尿素作用可生成络合物，对尿素的缓释增效作用十分明显，可使氮利用率提高 6.9%～11.9%，后效增加 15%。

腐殖酸对磷肥具有增效作用，一方面腐殖酸与磷肥形成腐殖酸—金属—磷酸盐络合物，从而防止土壤对磷的固定，使磷肥的肥效可相对提高 10%～20%，吸磷量提高 28%～39%；另一方面腐殖酸能够提高土壤中磷酸酶的活性，从而使土壤中的有机磷转化为有效磷。

腐殖酸对钾肥具有增效作用，腐殖酸是一系列酸性物质的复杂混合物，其酸性功能团可吸收和贮存钾离子，减少其流失，并可避免因长期施用无机钾遗留下来的阴离子对土壤造成的不良影响。腐殖酸可促使难溶性钾的释放，提高土壤速效钾，特别是水溶性钾的含量，同时还可减少土壤对钾的固定。

腐殖酸能够提高土壤中微量元素的活性，一些微量元素如硼、铁、锌、锰、铜等，多以无机盐形式施入土壤，易转化为难溶性盐，使其利用率降低，甚至完全失效。腐殖酸可与金属离子间发生螯合作用，使其成为水溶性腐殖酸螯合微量元素，从而提高植株对微量元素的吸收与运转。

(2)增施腐殖酸可减少农药施用量，降低黄瓜产品中的农药残留 一方面腐殖酸对某些植物病菌有很好的抑制作用。施用腐殖酸在防治霜霉病、枯萎病和根腐病等方面的效果达85%以上。因此，从某种意义上讲，腐殖酸也是农药，尽管其作用机制还不十分清楚，但腐殖酸的无毒、无不良反应是许多农药所望尘莫及的。腐殖酸不仅能明显地促进植株对氮、磷、钾的吸收，还能有效地提高植株体内超氧化物——歧化酶(SOD)、硝酸还原酶(NR)的活性。因此，腐殖酸有助于提高黄瓜自身的抗逆防衰能力。

另一方面腐殖酸对农药有缓释增效作用，可降低农药的使用量。腐殖酸作为一种无毒、无污染的物质，不仅可单独作为农药，而且还可以与农药混用。腐殖酸与有机、无机磷农药复配，可使有机磷分解率大大降低。这是由于腐殖酸分子中含有较多的亲水基团，与农药混合，能有效地发挥其良好的分散、乳化作用，从而有助于提高农药活性。此外，腐殖酸具有很大的内表面积，对有机与无机物均有很强的吸附作用，与农药配伍，会形成稳定性很高的复合体，从而对农药起缓释作用。腐殖酸与农药复合，可使农药用量减少1/3～1/2，药效延缓3～7天。而且腐殖酸与农药复配后，其毒性大大降低，这对于减少环境污染，发展无公害蔬菜生产无疑具有重要的意义。

(3)腐殖酸具有改良土壤的作用 腐殖酸是一种良好的土壤改良剂。腐殖酸对土壤中多种微生物和酶都有激活作用。这是由于腐殖酸系高分子有机化合物，气容量大，能提供充足的碳、氮元素给土壤微生物，从而促进微生物代谢及生长发育，增强微生物活性；同时腐殖酸还能促进土壤团粒结构的形成，降低土壤容重，提高阳离子代换量，缓冲酸碱度，从而提高了土壤保水、保肥、保温和通气的能力，最终改良了土壤结构，培肥了地力。

43. 如何认识和施用微生物肥料？

微生物肥料是指应用于农业生产中，能够获得特定微生物效应的，含有特定微生物活体的制品。以微生物的生命活动及其产物来改善作物的营养条件，促进作物吸收营养，刺激作物生长发育，增强作物抗病、抗逆能力，提高作物产量，改善农产品品质；改良土壤，提高土壤肥力，净化土壤，减少环境污染，是生产无公害农产品最理想的肥料。

(1)微生物肥不是速效性肥料 很多菜农似乎都认为，凡是微生物肥就一定是速效性的肥料，其实，这种认识是错误的。微生物肥是指含有生物菌群，如根瘤菌、固氮菌、解钾菌、解磷菌、酵素菌，或者是微生物菌群，如 EM 等的肥料。就其效果而言，单纯的微生物肥的效果是非常慢的。因为纯粹的微生物肥料本身不具有营养元素对作物的作用，生物肥料中的微生物菌群，主要是通过固定营养元素，或分解土壤中被固定的营养元素，或通过改良土壤环境来达到促进作物吸收营养元素的目的，因此，纯粹的微生物肥的作用并不是速效的，而是缓效的。而目前市面上常见的不少微生物肥，主要是复合微生物肥料。其复合的方式有两种或两种以上微生物的复合，也可以是微生物与有机肥料、大量营养元素或微量元素的复合。这种肥料的优点是作用全面，既能改善作物营养，又能促生长、抗逆、抗病，还能增强土壤生物活性，做到了各菌种之间相互促进，有机、无机与微生物相互促进，因而肥效持久，增产效果好，是今后生物肥料发展的方向。

(2)微生物肥不一定是冲施肥 目前市场上的微生物肥都以冲施肥为主，这样就给了经销商及菜农一种误解，认为微生物肥料就一定是冲施肥。其实，微生物菌肥并不单纯是冲施肥。它也有叶面喷洒的，也有作为基肥或育苗肥施用的。

44. 温室黄瓜栽培怎样正确施用磷肥？

黄瓜属于对磷肥特别敏感的作物，在栽培过程中，如果能适时适量地施用，黄瓜就能获得较好的经济效益。

(1)早施 黄瓜的苗期吸收磷最多。若苗期缺磷，会影响整个生育期的生长。

(2)细施 磷肥如过磷酸钙等，在贮存时易吸潮结块；在施用时，要打碎过筛，以利于根系吸收。

(3)集中施 磷容易被土壤中的铁、铝、钙等元素固定而失效，故应穴施、条施，使磷固定在种子和根系周围，有利于黄瓜根系吸收。

(4)与有机肥混施 特别是钙镁磷肥，必须与有机肥混合施用，可使磷肥中那些难溶性的磷，转化为黄瓜能吸收利用的有效磷。由于磷肥混合在有机肥中，可减少与土壤的接触，从而提高磷肥的利用率。

(5)分层施 磷肥在土壤中移动性小，施在哪里就在哪里不动。因此，在底层和浅层都要施用磷肥。

(6)与氮肥混施 氮肥、磷肥混合施用，可平衡养分，促进黄瓜根系下扎，为丰产打下基础。

(7)根外喷施 黄瓜的生长后期，根系老化，吸收养分的能力减弱，常造成缺磷。可用水溶性的1%过磷酸钙溶液喷洒叶片，一般在晴天的早上或傍晚喷施。

(8)因土壤而施 磷肥如过磷酸钙是酸性肥料，适宜中性、碱性土壤施用；而钙镁磷肥最好用在偏酸性土壤中。

(9)不能与碱性肥料混施 草木灰、石灰等均为碱性物质，若与磷肥混合施用，会使磷肥的有效性显著降低，对黄瓜增产不利，可间隔7～10天施用。

(10)适量施磷肥肥效期长 一般每茬黄瓜基施1次即可。同时，还要根据不同目标产量和土壤肥力计算适当用量，考虑氮、磷、钾3种营养元素的平衡使用。

45. 棚室黄瓜怎样正确施用微量元素？

由于长期不合理施肥，目前棚室的黄瓜经常出现微量元素缺乏症，表现为中上部叶片小、叶色发黄、叶片卷缩和畸形果增多等症状。

微量元素在黄瓜体内含量虽少，但它是植株体内酶或辅酶的组成部分，具有很强的专一性，是黄瓜植株正常生长发育所不可缺少且不可替代的一部分。因此，当黄瓜缺乏任何一种微量元素时，生长发育就受到抑制，导致减产和品质下降，严重时甚至绝收。相反，如果这些微量元素过多，又会出现中毒现象，影响黄瓜的产量和品质。因此，只有合理施用各种微量元素肥料，才能保证棚室黄瓜的高产、稳产。

不同的地区微量元素的含量不同，所以，在施用时不能一概而论。就寿光地区而言，缺乏较多的微量元素主要是硼、铁、锌等，这几种微量元素在黄瓜体内都有特定的作用，但很多菜农却不能正确认识和使用，给黄瓜的产量和品质带来或多或少的影响。

(1)微量元素的作用 ①缺硼。硼能促进黄瓜生殖器官的正常发育，对糖的合成和运输具有促进作用。黄瓜缺硼时，表现为根系不发达，生长点停止生长，并逐步枯萎死亡，叶色暗绿，叶形变小、肥厚、皱缩，叶缘向上卷曲，植株矮化，花发育不健全，果实中心木栓化开裂。②缺锌。黄瓜缺锌，植株矮小，节间短，嫩叶生长不正常，芽呈丛生状，生长受抑制，不结瓜。③缺铁。表现为"失绿症"，开始时，幼叶叶肉失绿黄化，叶脉保持绿色，以后完全失绿，有时一开始整个叶片就呈黄白色。因铁在植物体内移动性小，所以，一般表现为新叶失绿，芽停止生长，叶缘枯死，但不产生褐色斑点，而老叶仍保持绿色。

(2)施用微量元素时应该注意的问题 黄瓜对微量元素的需求量较少，所以，在使用时，除了可以跟有机肥混合后做基施外，还可以做叶面肥喷施。但要注意过好五关：①浓度关。喷施浓度适宜，才能收到良好的效果，一般来说，各种微量元素肥适宜的喷施浓度是：硼酸或硼砂溶液 600～800 倍液，硫酸亚铁溶液 600 倍液，硫酸锌溶液 400～800 倍液。②时期关。喷施微量元素肥的时期，一般以开花前喷施为宜。为有利于微量元素的吸收利用，可以在阴天或晴天的下午到傍晚这段时间喷施。③用量关。每 667 平方米喷施肥液40～75 升，以能使蔬菜茎叶沾湿为宜。④次数关。叶面喷施一般用肥量较少，所以，一次难以满足全部生长发育过程的需要。根据黄瓜生育期的长短，以喷施 2～4 次为宜。⑤混喷关。

微量元素肥料之间混合喷施，或与其他肥料和农药混喷，可减少工序，起到“一喷多效”的作用。但要注意各种肥料和药剂的特性。如果其性质相反，互相妨碍，那就一定不要混合喷施。一般来说，各种微量元素肥料均不可与草木灰、石灰等碱性肥料混合施用。

46. 糖在黄瓜生产中有哪些作用？

(1)糖可以增加药效 用1千克糖加0.5千克尿素对水100升，可在晴天清晨均匀喷雾，每隔6天喷1次，连续喷3～5次，能对黄瓜的霜霉病有较好的防治效果。

用1%糖液加500倍病毒A加20～30毫克/千克赤霉素加600倍液硼砂混匀后喷雾，每7天左右喷1次，连续喷2～4次，可有效防治黄瓜病毒病。

在冬季低温条件下，如棚内气温低于8℃时，用0.5%糖水喷雾，可以减轻其受冷害的程度。

(2)糖可以提高黄瓜产量 在黄瓜幼苗期喷0.3%糖水，可促进黄瓜植株健壮、叶片肥大、长势旺盛；在黄瓜结瓜期喷1%糖水加0.4%的磷酸二氢钾，每7～10天喷洒1次，可促进瓜色鲜绿，提高黄瓜产量，并且黄瓜口感好，提高了黄瓜的品质。

47. 怎样追肥才能降低保护地黄瓜中的硝酸盐含量？

由于保护地黄瓜施肥量大，而冬春季节保护地又封闭得严，且气温低、光照弱，黄瓜体内硝酸还原酶活性低，容易积累硝酸盐。如何通过科学追肥，减少黄瓜中硝酸盐的积累，是生产无公害蔬菜施肥时应注意的问题。

(1)控制硝态氮肥的施用量 要控制硝态氮肥，如硝酸铵、硝酸磷钾、硝酸磷、硝酸钾以及含硝态氮的复混肥的施用量。因为硝态氮肥施用后，容易使蔬菜积累硝酸盐。

(2)控制氮肥施用量　氮肥是蔬菜生产中不可缺少的肥料，但不能过量施用。要使蔬菜达到国家和国际规定的无公害标准，必须降低蔬菜中的硝酸盐含量。要减少氮肥的施用量，应根据不同蔬菜需肥量而定，黄瓜一般每 667 平方米以 10～12 千克纯氮为宜。氮肥要深施，并要与磷、钾肥配合施用；或施用三元复合肥，施后要及时盖土，最好采用化肥插管渗施；或结合膜下滴灌施入根部，以减少流失，提高利用率；收获前 20 天停止追施。

(3)施用生态有机肥　利用畜禽粪便经过发酵生产的生态有机肥，如果有针对性地配以不同元素，便会形成系列专用肥。生态有机肥的有机质含量可达 45%。它对蔬菜不仅能起到固氮、解磷、解钾的作用，还能分解农药及化肥的残留物质。此外，施用生物有机复合肥、腐殖酸类，如冲立得和植物黄金等肥料，可改良土壤，增加肥力，给无公害蔬菜的生长创造良好环境。

(4)实施配方施肥　根据黄瓜的需肥特点和土壤供肥状况，确定氮、磷、钾及微量元素的适宜用量与相应的施肥技术。保护地黄瓜对氮、磷、钾的需求量最大的时期为：在种植后 75～140 天，氮、磷、钾化肥最佳施用比例为 1∶0.67∶1.83。黄瓜对微量元素需要量虽说极少，但是必不可缺。施用微肥叶面喷洒，应把好用量标准，比如硫酸亚铁为 0.1%～0.3%，硫酸锌为 0.05%～0.2%，硼砂为 0.03%～0.05%，钼酸铵为 0.02%～0.05%，硫酸铜为 0.02%～0.04%；可结合防病喷波尔多液，既治病害又增肥力；或喷时加尿素 0.1%～0.4%，磷酸二氢钾 0.2%～0.3%。不宜多施磷酸二铵，黄瓜一般需要大量的氮和钾，而需磷量较少，在开花前后需钾最多，以后逐渐减少。

48. 温室大棚黄瓜化控栽培主要包括哪些技术措施?

黄瓜比较耐弱光和高湿，但在保护地栽培中，也存在营养生长过旺、落花和化瓜等问题；也常因为栽植过密或者氮肥过多等原因造成疯长而不结瓜的情况。黄瓜还有在低温、干旱等不利条件下，发生矮秧或花打顶等现象；另外，形成大肚子瓜、尖嘴瓜或钩钩瓜等畸形果的现象也随处可见，最常见到的是瓜条弯曲。这些情况单独靠调整光、温、水、肥、气是难以奏效的，而应用化控技术处理却非常有效，有些作用甚至是很奇特的。应用化控技术栽培的黄瓜，节间缩短 20%～40%，节数增加 24%～37%，瓜条数增加 27%～40%，大肚瓜或尖嘴瓜等畸形果减少 41%～55%；只要处理得好，基本上可以杜绝畸形果，总产量可以提高 28%～40%，投入产出比可达到 1∶34～1∶57。

黄瓜化控栽培技术如下：

(1)苗期培育壮苗 保护地黄瓜苗期花芽分化问题不大，主要是促长的问题，只要喷 1～2 次 100～200 毫克/千克的助壮素，或喷 5～10 毫克/千克的烯效唑 1 次，既可使黄瓜茎粗、矮化，根系发达，叶片色深、厚实，花芽分化好；还可提高抗寒性和抗旱性。

(2)定植缓苗初期 要适当促进瓜蔓生长，防止花打顶，这是黄瓜定植缓苗期常见的现象，特别是遇到低温、干旱，有时还出现生理性干旱，还可能因土壤湿度过大形成沤根。在上述情况下，都容易出现花打顶，即蔓抽不出来，节间缩短，每节的雄花、雌花丛生在一起。遇有这种情况，轻者可以用10～

20 毫克/千克的赤霉素喷全株；严重者可加喷施纳米磁能液 2 500倍液，可以取得比较理想的效果。喷洒纳米磁能液对沤根苗促进生根缓苗、成株抽蔓有显著的作用。

(3)营养生长旺盛期，控制徒长，促花促瓜 一般温室大棚黄瓜定植后，往往遇到低温等不良条件，都应注意提高温度，促进缓苗抽蔓，这是很必要的。可是，黄瓜长到十几节后，植株长到 1～2 米高，常有疯长、见秧不见瓜的现象。出现这种情况，严重的可以喷 100～300 毫克/千克的助壮素 1～2 次，或喷 5～10 毫克/千克的烯效唑 1 次，即可抑制植株徒长，促进雌花发育，防止化瓜。只要黄瓜生长正常，在 7～10 节前后全株喷纳米磁能液 2 500～3 000 倍液 1 次，进入盛瓜期再喷 1 次，可促进植株健壮，促进结瓜，增产效果显著，仅这一项技术一般就可增产 25%～30%。

(4)结瓜初期防治化瓜 用助壮素、烯效唑等抑制剂处理，抑制茎叶徒长，是一种防止化瓜的好方法。用 100～300 毫克/千克的助壮素初花期全株喷洒 1～3 次；或用 5～10 毫克/千克的烯效唑初花期喷洒 1 次也可。以上两种药剂最好与 0.2%磷酸二氢钾混用，效果更好，一般可增产 20%以上。此外，因温度过低或长时间阴天等不良气候条件造成化瓜，还可以在雌花开花后 1～2 天，用 100～500 毫克/千克的赤霉素喷花。也可用 500～1 000 毫克/千克的细胞分裂素喷花。还可用沈阳化工研究院研制的黄瓜坐果灵原液，用毛笔抹在雌花花柄上效果更好。这些方法都可以防止化瓜，并使瓜条长大，对防止大肚子瓜和尖嘴瓜，效果也很好。

(5)结瓜初期弯曲瓜的整形 在温室大棚内低温条件下，钩钩瓜和弯曲瓜很多，应用沈阳化工研究院研制的黄瓜整形剂会取得显著的效果，基本可以保证瓜条直，不打弯。其方法也很简单，用毛笔蘸一下黄瓜整形剂原液，在采收前1～3天，在弯曲黄瓜弯曲的里侧抹一下即可。经处理后，黄瓜的商品价值显著提高。

49. 什么是黄瓜袋装无土栽培技术？

袋装无土栽培技术是指用基质代替天然土壤，根据不同蔬菜所需的营养配方使用营养液灌溉植物根系的一种无土栽培技术。该技术从荷兰引进。目前在山东寿光洛城绿色食品基地已有应用，并取得了良好的经济效益和社会效益，也为我国发展无公害、绿色蔬菜生产开辟了一条新的路子。黄瓜袋装无土栽培技术包括：

(1)配套设施及栽培系统

一是配套设施。袋装无土栽培系统要充分发挥其作用和效果必须配套，即必须在保护地中栽培，而且环境最好有一定的调控能力。另外，必须有充足的水源。如用旧温室改造，则必须彻底清理干净，进行高温闷棚，同时用臭氧或紫外线充分消毒。

二是栽培系统。①栽培袋。可选用外白内黑的双色聚乙烯膜制成直径25厘米、长1米的袋子，按南北向双行排列，铺聚乙烯膜与土壤隔离。栽培袋上部均匀地划开2个十字小孔，以备定植用；下部距底5～10厘米处开1个小圆孔，作为过剩营养液排泄孔。②灌溉系统。每两行栽培袋之间铺设滴灌支管1条，每个定植孔处设1个滴灌，其他供水管道可用金属或塑料管，滴灌压力可利用水泵或重力差来解决。③栽培基质。稻壳∶石英岩＝3∶1。④肥料配比。首先要对灌溉水进行化验分析，根据水质成分制定营养液配方。大棚黄瓜营养液配方：硝酸390毫升/立方米，磷酸二氢铵144克/立方米，硝酸钾 607 克/立方米，硫酸钾 65 克/立方米，Fe-EDDHA 6.5 克/立方米，Mn-EDDHA 3.9 克/立方米，硫酸锌 1.4 克/立方米，硼酸 2.4 克/立方米，Cu-EDDHA 0.3 克/立方米，硫酸钠 0.1 克/立方米。营养液电导率为 3 毫西门子/厘米。

(2)栽培管理 当袋装无土栽培所要求的设施和栽培系统都准备好以后，就可进入栽培管理阶段。①育苗。采用穴盘育苗(穴盘为 3 厘米×3 厘米)，有利于避免土壤传病，基质选用草炭土。将处理过露白的黄瓜种子进行播种育苗，每个穴盘 1 粒种子，然后用草炭土覆盖。当幼苗 5～6 叶 1 心、株高 15～20 厘米、苗龄为 30～40 天时，即可定植入栽培槽中。②定植前的准备。将基质按比例调好，在每 4 立方米基质中混入 250 毫升亿安神力，发酵 7～10 天后，装袋并按一定行距摆放整齐。③定植。将幼苗定植在栽培袋中，每袋 2 株，最好互相交错，定植后要立即滴营养液。④日常管理。与一般栽培方式相同，根据不同蔬菜进行温、湿度控制。⑤灌溉与施肥。要视温、湿度情况定期滴灌，也可采用电脑自动控制。⑥病虫害防治。可采用臭氧防治仪或紫外线杀毒仪进行灭菌，用防虫网封闭通风口，以防止害虫传播。

(3)袋装无土栽培成本与效益分析

一是生产成本低。袋装无土栽培系统每 667 平方米投资为：袋膜 1 200 个×2 元/个＝2 400 元，隔离膜 1 000 元，滴灌设备 6 000 元，稻壳 45 方×45 元/方＝2 025 元，石英岩 15 方×80 元/方＝1 200 元，亿安神力 200 元，营养液 250 方×7 元/方＝1 750 元。由于栽培系统建好后可多年使用，根据不同使用年限折旧后，每年的生产成本约为 5 000 元。

二是经济效益高。以拉迪特(Radiant)黄瓜为例，每 667 平方米产量 1 万千克，由于通过袋装无土栽培生产出的黄瓜品质好，市场平均价 3.0 元/千克，则销售收入为 3 万元，扣除生产成本 0.5 万元及棚膜、人工等费用 0.5 万元，则每 667 平方米纯收入为 2 万元，其利润相当可观。因此，有机生态型无土栽培的发展前景广阔。

50. 温室黄瓜管理中存在的误区有哪些？

(1)不打杈和摘弱小瓜 黄瓜地上与地下生长呈正相关，幼苗期不抹芽杈，有利于生长毛细根。到结瓜期就应抹掉幼芽和幼瓜，集中营养以长黄瓜。不少黄瓜植株 1 米多高了，下部侧芽还多达 5～6 个，长达 10～15 厘米也不摘除，想让植株上、下部同时长瓜，反而会使黄瓜分散营养，黄瓜长得慢，瓜不正，产量低，采收期延后。

处理办法：①待根瓜开始进入膨大期，将侧芽及早抹去，以免消耗营养。②每棵植株在生长点以下 1.3 米处留足 6～7 个瓜，其余弱小瓜全部疏掉，以集中营养促使优势瓜生长，不仅生长快，瓜形正，产量也高。

(2)无头秧不摘叶 虫伤、冻害、机械伤或肥害、缺钙枯头，都会造成黄瓜秧失去生长点。很多菜农在管理上任其生长，结果原叶肥厚、僵化，新叶长期萌生不出来，错过了与其他株同伍齐长的机会，致使缺苗断垄，产量下降。

处理办法：①在养好根系的前提下，将原叶全部摘掉，7～10 天可萌生新生长点。②摘叶后，穴浇 1 次 700 倍液硫酸锌或微生物肥，促长新枝。

(3)雌花早蔫误为缺水 正常的黄瓜膨大期只有 2～3 天，果实顶花带刺，有些幼瓜 3～4 厘米时，顶花就萎凋了。很多人认为是缺水造成的，于是浇大水，不见好转，又施肥，雌花更加萎蔫。其原因是由于土壤浓度过大引起的蔫花症。

处理办法：①土壤和水 pH 超过 8.2，应浇大水压碱，栽前深耕降碱，地面覆膜，盖麦糠保湿，减少蒸发量，控碱上升。②施牛粪、腐殖酸肥、微生物肥与秸秆肥解碱，不施或少施盐类化肥。

(4)留雄花授粉 黄瓜系雌雄同株，不给雌花授粉，也能结瓜，而且是无籽瓜。有人误认为，不去掉全部雄花，可使雌花花朵萎蔫推迟，瓜形正，提高产量。

处理办法：雄花及早全部抹掉。

(5)摘瓜迟，产量高 按正常生长规律，植株上的黄瓜应是中、青、幼结合，而不是老、中、青结合。有些人认为，大瓜生长比率大，其实，大瓜长到一定程度，开始变粗，内含水分降低，并且影响幼瓜生长。实验证明，每天摘 1 次瓜，比隔日摘 1 次的瓜数多 20%左右，增产 9%以上；比隔 3 日摘 1 次的瓜数多 40%左右，增产 10%以上，并能减少畸形瓜的出现。

处理办法：①能上市卖出去的瓜就摘，越早越好。②根瓜、畸形瓜长不大、长不好，应早摘。③幼瓜超过 6～7 个，应及早疏瓜。

(6)生长旺，产量高 水足、温高、氮肥足，叶蔓生长旺，田间植株态势好，着瓜生长快，瓜条壮。其实，这种外强内虚的植株态势，远不如矮化、生长稳健的植株总产量高。

处理办法：①苗期控水囤秧，促长深根。②栽后控温，空气相对湿度在 50%～79%，控氮、蹲苗、控蔓，促长瓜，可提高产量 25%以上。③灌施植物基因诱导表达剂，矮化植株，提高光合强度和产量。不用矮壮素等抑制光合作用和影响植物正常生长的矮化剂控秧。

(7)连阴天不揭草苫 不少人认为，阴天无光，不揭草苫无关紧要。其实，黄瓜生长的两个主要因素是光照和温度二者缺一不可，连阴天不揭草苫，植株不仅不能见光，更重要的是温度上不去，不能进行蒸腾作用，因而不会将水分解成氧、氢离子。

根系内缺氢离子，难以交换的铁、钙、硼就不易运动，造成根系萎缩变小，进而缺素枯死。环境缺氧离子，会使植株徒长染病。

处理办法：①连阴天时要揭开草苫见光。②浇施微生物肥或基因诱导表达剂，增强抗性，提高营养元素及离子的活性和吸收量。

三、黄瓜优良品种与栽培要点

51. 出口油瓜专用黄瓜品种 6075 有什么特点？其栽培技术要点是什么？

该品种引自荷兰德瑞特集团公司。

(1)特征特性 植株生长旺盛，耐寒性好。叶片小；生长期长，适应性广。植株为标准雌性系，果实深绿色，微浅棱，光滑无刺。瓜条顺直，整齐均匀，在正常栽培条件下，果长 20～28 厘米。果实硬度高，果肉厚，产量高，耐黄瓜花叶病毒病。适宜越冬及早春日光温室栽培。

(2)栽培要点 ①栽培方式。根据所选茬口，选择适宜的播种期。越冬茬栽培时，适宜的播期为 9 月下旬到 10 月上中旬。早春日光温室和保护地栽培通常在 11 月中旬到翌年 1 月中旬播种育苗；定植前施足基肥，并进行闷棚消毒。建议栽植密度为每 667 平方米为 2 200 株左右。②环境调控。缓苗期白天 25℃～28℃，夜间 15℃～13℃；结果期白天上午 25℃～30℃，最高不能超过 33℃，下午 20℃，夜间温度前半夜 18℃～15℃，后半夜 10℃左右；严冬季节白天温度保持 22℃～28℃，夜间 16℃～13℃；进入春季后，白天保持在 25℃～30℃，不超过 32℃，夜间 21℃～18℃。如遇阴天低温连续 1 周以上，除临时加温外，应把大部分瓜摘除，并除去部分雌花，抑制生殖生长，维持黄瓜最低营养能力。缓苗期要保持较高的土壤湿度和空气湿度，因此，定植后，立即浇缓苗水，使空气相对湿度能达到 90％～95％，防止秧苗萎蔫；缓苗后，可以适当降低湿度，土壤湿度保持在 70％～80％，不能高于 85％

或低于65%，否则，对秧苗生长不利；空气相对湿度维持在80%～85%；遇不良天气时，更要注意尽量降低棚内的湿度。进入结果期后，白天空气相对湿度保持在70%～75%，夜间80%～85%。通过调节拉揭和放盖草苫等不透明覆盖保温物的早晚，争取每天8～10小时的光照；还可通过棚膜防尘、张挂反光幕等增加光照强度，延长光照时间。③肥水管理。根据栽植季节的不同而采取相应的措施，肥水管理一般掌握第一次摘收黄瓜前不施肥，摘瓜后随水施肥，一般隔1次水冲施1次肥料，可复合肥和有机肥或生物肥交替施用，以提供更全面的营养元素，有利于产量的提高；寒冷季节要注意控水控肥，防止因浇水而降低地温，施肥宜少量多次随水冲施。④植株调整。及时上架、吊蔓、掐须，并摘除10节以下的侧枝。当植株达到一定高度时，要及时落蔓并摘除下部老化变黄的叶片，每株保留20片左右绿色功能叶片即可。⑤病虫害防治。注意防治霜霉病、白粉病、细菌性角斑病、蔓枯病、枯萎病、潜叶蝇、蚜虫和白粉虱等。

52. MK 160有什么特点？其栽培技术要点是什么？

该品种引自荷兰德瑞特集团公司。

(1)特征特性 生长势中等。产量高。每节只结1个瓜，不需要疏瓜。果实长16～18厘米，表面光滑，果形好、光泽度好，口味佳。耐黄瓜花叶病毒病和白粉病。耐热性好，特别适合夏季日光温室及保护地栽培。

(2)栽培要点 ①栽培方式。每667平方米栽植2 500株左右，高垄双行栽植。越夏栽培时，由于气温高，极易造成地温过高而影响根系的生长发育，所以，一定要注意不能覆盖地膜。②环境调控。定植1周内，要保持较高的温度：白天

25℃～30℃，夜间 18℃～20℃，不超过 30℃不通风；缓苗后，要降低温度进行低温炼苗，白天温度为 22℃～28℃，夜间 16℃～18℃；结果期，白天保持 28℃～30℃，不超过 32℃，夜间 16℃～18℃；盛夏时节，一定要注意通风降温。定植后，缓苗期要保持较高湿度，空气相对湿度一般可控制在 90%～95%，防止秧苗萎蔫；缓苗后土壤湿度保持在 70%～80%，最高不超过 85%，也不能低于 65%，以免影响黄瓜根系正常的生长发育，空气相对湿度可保持在 80%～85%；高温季节可在棚内喷清水，以降低黄瓜植株体内的温度。为保证越夏栽培黄瓜的经济效益，要注意采取措施进行遮阳。如果条件允许，可以覆盖遮阳网。③肥水管理。定植后及时浇缓苗水，促进缓苗，缓苗水后再浇水时，每隔 1 次水带 1 次肥，每 667 平方米冲施尿素 15～20 千克，以后每 5～7 天浇 1 次水，进入结果期随浇水每 667 平方米施三色控释复合肥 30～40 千克。进入结果后期，追肥以速效性钾肥为主，可适量补充磷、氮肥。④植株调整。及时进行绑蔓、吊蔓，结合绑蔓、吊蔓抑强扶弱，协调植株长势，一般 10 节以下的侧枝全部摘除。进入结果前期，要及时摘除卷须，减少无效营养消耗；雌花过多或出现花打顶时，要疏去部分雌花，以增强植株长势；进入结瓜后期，植株生长速度加快，必须要及时落蔓，每株保留 15～16 片绿色功能叶片即可。为改善植株下部的通风透光条件，减少养分消耗和各种病害的发生，要及时清除老叶、黄叶和病叶。

53. 拉迪特(Radiant)有什么特点？其栽培技术要点是什么？

该品种引自荷兰瑞克斯旺有限公司。

(1)特征特性　生长势中等。叶片小，叶色淡绿色；果实长度 16～18 厘米，表面光滑，稍有棱，果实味道鲜美，商品性好。该品种孤雌生殖，多花性，产量高，每节 3～4 个果，果实采收的长度为 12～18 厘米。适合于早春、越夏和早秋日光温室和保护地栽培。耐高温能力强，耐霜霉病，对黄瓜花叶病毒病、黄脉纹病毒病、白粉病和疮痂病有抗性。该品种以其高产、优质、果形好的特性备受出口和高档超市的青睐。市场平均售价高出同类产品的 20%以上，是菜农增加收入的首选品种。尤其越夏栽培时，更表现出其优越性。

(2)栽培要点 ①栽培方式。该品种耐高温能力强，更适合于越夏栽培，越夏栽培时，可以平畦双行栽植，而且栽植密度可以适当增大至每 667 平方米栽植 2 200 株左右，以提高产量，增加经济效益；冬季栽培时，为提高植株的抗病性、耐寒性、抗逆性；生产中最好采用嫁接育苗。②环境调控。参阅 MK 160 品种。③肥水管理。参阅 MK 160 品种。④植株调整。夏秋茬栽培时，幼苗期温度相对较高，黄瓜植株容易徒长，要及时进行绑蔓，结合绑蔓抑强扶弱，协调植株长势，且此期黄瓜侧枝较多，一般 10 节以下的侧枝全部摘除；越冬茬栽培时，要及时摘除砧木萌发的侧枝。进入结果前期，要及时摘除卷须，减少无效营养消耗，雌花过多或花打顶出现时，要疏去部分雌花，以增强植株长势；进入结瓜后期，植株生长速度加快，必须要及时落蔓，每株保留 15～16 片绿色功能叶片。⑤病虫害防治。主要注意防治霜霉病、灰霉病、白粉病、细菌性角斑病、枯萎病、蔓枯病、细菌性溃疡病、斑潜蝇、蚜虫和白粉虱等。

54. 22-33 有什么特点？其栽培技术要点是什么？

该品种引自荷兰瑞克斯旺有限公司。

(1)特征特性 生长势强，开展度大，叶片大；耐寒，是适合于早春与秋冬日光温室和保护地栽培的油瓜品种。生产期较长。果实墨绿色，中长型，微有棱；孤雌生殖，单性花；每节1～2个果，产量高，果实采收长度22～25厘米，表面光滑，味道鲜美。抗黄瓜花叶病毒病，耐霜霉病、叶脉黄纹病毒病和白粉病、疮痂病等。以其产量高、抗性好、商品性好和耐低温等特点受到广大种植户青睐，是适合出口外销的最佳中长型黄瓜品种。

(2)栽培要点 ①栽培方式。根据所选茬口，选择适宜的播种期，秋冬茬栽培一般在7月下旬至8月中旬播种，越冬茬的适宜播期为9月下旬到10月上中旬，早春日光温室和保护地通常在11月中旬至翌年1月中旬播种育苗。每667平方米栽植2200株左右，高垄双行定植；冬季定植要覆盖地膜。②环境调控。幼苗期白天温度应保持23℃～28℃，夜间16℃左右；结瓜期严冬季节白天温度保持22℃～28℃，夜间13℃～16℃，进入春季后，白天保持在25℃～30℃，不超过32℃，夜间18℃～21℃。为了增加光照以提高产量，早晚可通过揭开和覆盖草苫等不透明覆盖保温物，争取每天8～10小时的光照；还可通过棚膜防尘、张挂反光幕等增加光照强度，但夏季高温、强光条件下易产生生理障碍，一定要采取遮阳措施。③肥水管理。参阅黄瓜品种6075。④植株调整。参阅黄瓜品种6075。

55. 洛瓦有什么特点？其栽培技术要点是什么？

该品种引自荷兰皇家种子公司。

(1)特征特性 为杂交一代。生长势强，全雌性，以主蔓结瓜为主，每节都可坐瓜；耐低温和弱光；果实表面光滑，无瘤无刺，易清洗；果实深绿色，圆柱形，上下粗细一致，瓜长14～

16 厘米，直径 3 厘米；对霜霉病有抗性。适于秋延迟、越冬和早春栽培，是适合南北方、国内客户及边贸俄罗斯客户需求的品种。

(2)栽培要点 ①栽培方式。秋延迟一般可于 7 月 15 日至 8 月 15 日播种，越冬栽培可于 9 月 15 日至 10 月 1 日育苗。采用高垄栽培。每 667 平方米栽植 2 200 株左右。②环境调控。参阅黄瓜品种 6075。③肥水管理。参阅黄瓜品种 6075。④植株调整。黄瓜开始伸蔓时，要及时吊蔓，避免吊在黄瓜的根茎部，防止伤根。该品种结果节性非常好，主蔓每节都可以结 2 个瓜，每节还可以伸出 2 个左右的侧蔓，其上也可结 1～2 个瓜；由于种植条件和环境影响，每节不能留很多瓜，一般留 1～2 个，且 3～5 节以下不留瓜，可提前除掉雌花，以使根系充分生长发育。冬季栽培时，如果栽培条件好，长势好的植株可隔 1～2 节位留 2 个瓜，长势不好的植株应少留瓜。

56. 冬日一号有什么特点？其栽培技术要点是什么？

(1)特征特性 植株生长势强。叶片中等大小，色深绿，较适宜密植；以主蔓结瓜为主，第一朵雌花着生于 3～5 节，雌花节率高；回头瓜多，瓜长 35 厘米左右；瓜条棒形，深绿色，有光泽；无黄色条纹，刺瘤密，瓜把短，瓜条顺直。每 667 平方米产黄瓜 18 000 千克左右。商品性好，丰产性强，品质佳；抗病能力强，高抗黑星病、枯萎病、霜霉病等病害。具有耐低温、耐弱光能力，适宜越冬日光温室栽培。

(2)栽培要点 ①栽培方式。吊架栽培。每 667 平方米栽植 2 600～3 000株，高垄大小行栽培，大行行距 80 厘米，小行行距 40 厘米，垄高 15～20 厘米，株距 30 厘米左右。②环境调控。苗期温度要适当低一点，防止幼苗徒长，可以控制在昼温 24℃～28℃，夜温 14℃～18℃，昼夜温差 8℃～10℃；结瓜盛期的昼温最高 28℃～32℃，夜温最高 16℃～18℃。苗期土壤湿度、空气相对湿度应保持在 80％左右，以促进花芽分化和雌花形成；结果盛期需水量大，可根据情况适当多浇水，但浇水时要小水勤浇，且忌大水漫灌。在深冬、早春季节一定要注意控制棚内湿度，可以在上午温度升高到 22℃～25℃以上时，打开顶风口进行通风；温度降至 20℃时，关闭通风口，待温度再次升到 25℃左右时，可第二次通风，待温度降到 20℃时，关闭通风口。必须注意：即使在阴雨雪天气棚内温度较低时，也要进行短时间的通风换气，防止黄瓜遭受有毒气体的危害。要适时揭盖草苫，尽可能延长光照时间；经常擦拭棚膜除尘，保持棚膜透光率良好；可以于后墙内面张挂反光幕，增加棚内光照；及时落蔓、吊蔓、调蔓、顺叶、去衰老叶，改善行间株间透光条件；遇阴雨雪天气时，也应尽可能争取揭草苫采光。③肥水管理。定植前，基肥一定要施足，且注意要施用充分腐熟的有机肥。定植后到摘瓜前一般不施肥，在第一次摘瓜后，可以随浇水冲施化肥或有机肥，每隔 15 天左右浇水 1 次，隔 1 次浇水冲施 1 次肥料，肥料数量可根据基肥量灵活掌握；到产瓜盛期，一般 7～8 天浇 1 次水，每次浇水都要随水施肥。结瓜后期植株长势趋弱，根系的吸收能力降低，在肥水供应上要掌握"少吃多餐"，施肥要采取地面冲施和叶面喷施并重的原则。④植株调整。植株定植伸蔓后，要及时用吊绳吊蔓，防止瓜蔓落在地面诱发病害。结瓜初、盛期要及时摘收商品嫩瓜，防止和减少连续节间坐瓜而化瓜，同时在整个生长期内都要及时掐去卷须，防止其消耗营养。由于黄瓜植株蔓长叶多，往往遮阳影响植株间的光照条件，因此，要及时对黄瓜进行掐叶落蔓调整，一般每株可保留 20 片左右绿色功能叶片，且使其分布均匀，使中层和下层绿色叶片也能受到良好的光照。

57. 雪勇士有什么特点？其栽培技术要点是什么？

(1)特征特性 由欧洲引进的最新黄瓜品种。经寿光市试种后深受广大菜农的喜爱，是目前日光温室越冬茬及冬春茬栽培的首选密刺型黄瓜品种。此品种植株生长势旺盛，叶片小且厚。以主蔓结瓜为主，瓜条呈棒状，顺直，瓜把短，表面光亮、深绿色，刺瘤明显、突出，刺密，瓜长可达 38 厘米；瓜肉浅绿色，味道佳，品质优。耐低温能力特强，夜温 11℃可正常生长，在短期 4℃～5℃的低温条件下，植株不受伤害，叶片生长正常，畸形瓜很少。丰产潜力大，如管理水平得当，每 667 平方米可产黄瓜 25 000 千克以上。

(2)栽培要点 ①栽培方式。采用高垄大小行栽植，每 667 平方米定植 2 500～2 800 株。越冬栽培时，建议用黑籽南瓜嫁接；早春栽培可于 12 月至翌年 1 月播种。②环境调控。幼苗期要防止因温度过高而引起幼苗徒长，一般可以控制在白天 25℃～28℃，夜间 14℃～18℃，使清晨温度达到 10℃～15℃，以利于雌花分化，但夜温也不宜过低，以防止出现花打顶现象。进入冬季严寒季节，白天保持 23℃～25℃，夜间 15℃～18℃，清晨 10℃～12℃；进入春季后，白天保持在 28℃～30℃，不超过 32℃，夜间 18℃～21℃，一般昼夜温差以控制在 8℃～10℃为宜。寒冷季节，黄瓜定植后 5～7 天内，一般气温不超过 30℃不通风，夜间可保持在 16℃～18℃，以利于缓苗；缓苗后(4～6 天)温度可适当降低，白天以 25℃～28℃为宜，夜间 18℃左右。③肥水管理。植株长有 4～6 片真叶时，根系要转入迅速伸展期，应顺沟浇 1 次大水，后转入适当控制阶段，直到根瓜膨大期一般不浇水，加强保墒，提高地温；进入严冬季节后，用水量相对较少，浇水不当，易诱发病害；天气正常时，应7天浇1次小水，以后浇水时间延长到10～12天，浇水要选择在晴天上午进行。越冬黄瓜结瓜盛期为5个多月，每次追肥量不宜过大。其追肥原则是：化肥水—清水—有机肥水—清水—化肥水交替施用，摘第一次瓜后可追施1次肥，每667平方米用量为三元复合肥20～30千克；低温期一般为15天左右追施1次肥，一般追施生物肥20～40千克。在土壤施肥的基础上，可根据植株长势给叶面喷施丰产素5 000倍液，喷后加强通风，以降低湿度，减少病害的发生与流行。春季进入盛瓜期后，需水量明显上升，一般5～6天浇1次水，此时灌水不局限于膜下沟内，而是逐条沟都要浇水。嫁接苗根系扎得深，需要间隔一定时间，再适当地加大1次浇水量，把水浇透。④植株调整。黄瓜伸蔓时，要及时采用尼龙线、布条等吊蔓。吊蔓时操作要轻，注意不要损伤叶片，要使叶片在空间分布均匀，不相互遮挡。黄瓜侧枝较多时，一般10节以下的侧枝全部摘除，进入结果前期，要及时摘除卷须，并根据植株长势进行疏瓜和留瓜，以增强植株长势；进入结瓜后期，要及时落蔓，每株保留20片左右绿色功能叶片即可，为改善植株下部的通风透光条件，减少养分消耗和各种病害的发生，要及时清除老、黄、病叶。早春茬黄瓜一般5节以下不留瓜，且要及早采收嫩瓜，防止瓜坠秧和化瓜现象发生。

58. 萨瑞格(HA-454)有什么特点？其栽培技术要点是什么？

该品种引自以色列海泽拉优质种子公司。

(1)特征特性 无限生长型。植株生长旺盛，早熟，单性结实。全部为雌花，杂交品种。产量极高，低温下坐果能力极强，果长 14～16 厘米，大小均匀，整齐度高，果实圆柱形，暗绿色，表面光滑无刺，口味佳。对白粉病有抗性，采果期非常集中，极具高产品质。耐低温，适宜于秋、冬季栽植，是保护地栽培的最佳品种之一。

(2)栽培要点 ①栽培方式。采取高畦双行定植，每 667 平方米应栽植 2 500～2 800 株，冬季定植要覆盖地膜。②环境调整。缓苗期白天温度为 25℃～28℃，夜间 13℃～15℃；结果期上午温度为 25℃～30℃，最高不能超过 33℃，下午 20℃，夜间温度前半夜 15℃～18℃，后半夜 10℃左右。冬季管理时，要注意通过温、湿度管理来控制病害发生，同时要保持适当的昼夜温差，一般昼夜温差以 7℃～10℃为宜。如遇阴天低温连续 1 周以上，除临时加温外，应把大部分瓜摘除，并除去部分雌花，抑制生殖生长，维持黄瓜最低营养水平。注意通风排湿。冬季栽培要通过采取早揭晚盖草苫，擦净保护地膜，后墙张挂反光幕等措施增强光照，延长光照时间；连续阴天后突然见光时，要拉花苫，防止植株突然见光后叶面蒸腾作用增强，但根部吸水能力却降低而造成植株萎蔫死亡。③肥水管理。定植坐果后，挖穴或开沟施肥 1 次，施肥量为每 667 平方米施海法钾宝 5 千克，磷酸二铵 5～8 千克，浇水 1～2 次，浇水量每次为 3 000～5 000 升。果实采收期，一般每 7～10 天随水施肥 1 次，浇水量可控制在果实采收前每 667 平方米浇水 3 000～5 000升。果实采收后浇 6 000～8 000 升；施肥量每 667 平方米每次用硝铵 6 千克，磷酸二铵 3 千克，海法钾宝 8 千克，注意两次施肥间隔时间和浇水量可根据土壤状况、季节和植株生长势而确定。④植株调整。黄瓜开始伸蔓时及时吊蔓，吊线避免绑在黄瓜的根茎部，防止伤根。萨瑞格结果节性非常好，主蔓每节都可以结 2 个瓜，每节还可以伸出 2 个左右的侧蔓，其上也可结 1～2 个瓜。由于种植条件和环境影响，每节不能留很多瓜，一般留 1～2 个，且 3～5 节以下不留瓜，可提前除掉雌花，以使根系充分生长发育。冬季栽培时，如果栽培条件好，长势好的植株可隔 1～2 节位留 2 个瓜，长势不好的植株应少留瓜。

四、日光温室黄瓜病虫害防治

59. 日光温室进行土壤消毒时，可选用的方法和药剂有哪些？

由于保护地设施的相对固定和保护地生产的多年连茬种植，常造成土壤和棚室中的病原菌、虫卵积累，尤其是一些土传病虫害连年发生，病情越来越重，这类病虫害如果不及时加以控制，会造成严重减产或降低产品质量，甚至造成绝产绝收。土壤消毒是控制土传病虫害的重要措施之一，已逐渐为广大菜农所接受。而消费者对无公害产品的需求，也给药剂防治提出了更高的要求。因此，我们必须更多地采用农业综合防治措施，以达到对保护地内病虫害控制的目的。

日光温室土壤消毒，主要是利用夏季的自然高温来杀灭土壤病原菌和害虫虫卵。一般利用保护地冬春茬和秋茬之间的空闲时间来进行，应当在棚室育苗或定植前 1 个月操作。

在操作过程中，常会出现不进行土壤深翻、只盖棚膜不盖地膜和高温处理时间过短等问题，这样很难达到土壤消毒的目的，需要在实际操作中注意。

(1)太阳能消毒 在保护地黄瓜采收拉秧后，清洁田园，多施充分腐熟的有机肥料，而后把地深翻平整好。在 7～8 月份，气温达 35℃以上时，用薄膜覆盖密闭好棚室，土壤温度可升至 50℃～60℃，甚至更高，高温处理约 1 个月，就可大量杀灭土壤中的病原菌和虫卵以减轻下茬黄瓜土传病虫害的发生。

(2)蒸汽热消毒 是用蒸汽锅炉加热，通过导管把蒸汽热能送到土壤中，使土壤温度升高，杀死病原菌，以达到防治土传病虫害的目的。这种消毒方法要求设备比较复杂，只适合经济价值较高的作物，并在苗床上小面积采用。

(3)药剂消毒 在播种前后，将药剂施入土壤中，其目的是防止种子带病和土传病虫害的蔓延。目前常用的药剂消毒方法有6种：①甲醛消毒法。每平方米用50毫升甲醛，加水6～12升，播前10～15天用喷雾器在棚内土壤上进行喷洒，用薄膜密闭盖严，播前1周揭膜，使药液充分挥发。②多菌灵消毒法。多菌灵杀菌谱广，能防治多种真菌病害，对子囊菌和半知菌引起的病害防治效果很好。用50%多菌灵可湿性粉剂，每平方米用药1.5克，能有效防治黄瓜苗期的多种病害。③百菌清消毒法。每平方米用45%百菌清烟剂1克熏棚5小时，能有效杀灭黄瓜保护地内的多种真菌病害。④波尔多液消毒法。每平方米用波尔多液(配比为硫酸铜∶石灰∶水为1∶1∶100)2.5升，喷洒土壤，对防治黄瓜的灰霉病、褐斑病、锈病和炭疽病等效果明显。⑤垄鑫消毒法。垄鑫是一种广谱性熏蒸杀线虫剂，兼治土壤真菌、细菌、地下害虫及杂草，作用全面而持久，防治效果达95%以上。一般每667平方米用98%垄鑫15～20千克，撒施或沟施，深度为20厘米，施药后立即覆土，并盖地膜密封，熏蒸10～15天，通风10天左右。⑥线克(威百亩)消毒法。把地深翻，做成畦，每667平方米随水冲施，线克12～15千克，后盖膜熏闷，连续闷杀15天，通风2天。既能杀灭线虫，又能杀灭土壤中病菌。

(4)太阳能石灰氮消毒法 石灰氮(氰氨化钙)是一种高效土壤消毒剂。其产品主要有菌线克、庄伯伯和宁夏荣宝等，具有消毒、灭虫、防病的作用。

选择夏季高温、棚室休闲期使用，每667平方米用麦秸

(或稻草)1 000～2 000 千克，撒于地面，再在麦秸上撒施石灰氮 50～100 千克，深翻地 20～30 厘米，尽量将麦秸翻压至下层；做高 30 厘米、宽 60～70 厘米的畦；地面用薄膜密封，四周盖严；畦间灌水，且要浇足浇透；棚室用新棚膜完全密封；在夏日高温强光下闷棚 20～30 天。闷棚结束后，将棚膜、地膜揭掉，耕翻、晾晒，即可种植。

石灰氮在土壤中分解产生单氰胺和双氰胺，这两种物质对线虫和土传病害有很强的杀灭作用。同时，石灰氮中的氧化钙遇水放热，促使麦秸腐烂，有很好的肥效。夏季高温，棚膜保温，地热升温，白天地表温度可高达 65℃～70℃，10 厘米深处的地温高达 50℃以上，这样，可以有效地杀灭土壤中的各种病虫害和杂草。

60. 日光温室土壤用药剂熏蒸前后应注意哪些问题？

在多年的实际应用中，发现大多数菜农用药剂熏蒸土壤都取得了非常理想的效果，但也有个别农户虽然使用药剂对土壤进行了熏蒸，但棚内的病虫害仍然没有得到很好的控制。究其熏蒸效果不佳的原因，主要存在以下几个方面的问题：

(1)熏蒸时间选择不当 采用土壤熏蒸剂进行土壤消毒要注意把握时机，应选择在前茬作物收获后立即进行，效果最好。因为此时根结线虫等病虫害大多聚集在土表，更容易集中杀灭。否则，等病虫害迁移到土壤深层后再进行土壤消毒，就会降低效果。

(2)熏前操作不当 一般熏蒸剂要求土壤疏松，特别是耕作层，如果不翻土或翻土不深，土坷垃太大太实、土壤不疏松、土壤湿度太大或太小，盖膜不严或膜外压土，有的还留下了熏蒸死角。那么，熏蒸效果就不理想。

(3)熏蒸不当 虽然有的菜农在使用某些熏蒸剂如线克熏蒸时，没有盖地膜或没有耕地等，也取得了不错的效果，但这与药剂用量、熏蒸时间、下茬作物、地温和土壤湿度等因素有很大关系，纯属偶然，不能图省事，生搬硬套。

(4)再度传染 熏蒸剂只不过是把土壤中现有的病虫害消灭了，它不存在持效期，对再传入的病虫害就无能为力了。熏蒸后，很快又发现线虫等病虫害的保护地，有的不是没熏好，而是再度传染了病虫害，多数是因为苗子带有病虫，有的则是熏后有雨水冲入带病虫的土粒，有的是棚外病虫随着人员进出带入的。

(5)农用机具带线虫 土壤用药剂熏蒸后，又使用了带线虫等病虫害的旋耕机、锨、镢等工具，再次把线虫等病虫害带入了棚中。

(6)熏后翻土过深 如果熏后翻土比熏前翻土深得多，甚至熏前不翻，熏后深翻，就会把深层没熏死的线虫等病虫害翻上来。

(7)熏前施用了钙肥 钙肥能影响线克类熏蒸剂的作用效果，如石灰、钙镁磷肥和过磷酸钙等。如在使用线克之前早施上了钙肥，必然熏蒸效果不好，甚至上茬使用石灰太多的保护地，下茬用药剂熏蒸时，也会有影响。

另外，保护地用药剂熏蒸后，施用有效的微生物是良好的辅助措施。因为有的放线菌、杆菌等对线虫等病虫害有较好的抑制作用，并能形成优势菌群，抑制其他有害微生物的生长发育。

61. 黄瓜苗期主要的病害有哪几种？

(1)猝倒病 俗称卡脖子病，是冬春季育苗经常发生的主要病害。发病后，造成幼苗成片倒伏死亡，甚至毁苗，延误定植适期。

【症　状】 猝倒病一般在黄瓜的苗期和成株期均可发病，但主要发生在幼苗前期，刚出土的幼苗发病较多。幼苗开始发病时，茎基部呈水浸状，出现浅黄褐色病斑，病斑迅速扩展后病部缢缩呈线状，往往是子叶尚未凋萎、叶色呈青绿色时，幼苗突然倒伏于地面。有时黄瓜苗刚刚出土，下胚轴和子叶已经腐烂、变褐、枯死。苗床最初一般是少数幼苗发病，后迅速蔓延，最后引起成片幼苗猝倒。在苗床湿度大时，病部长出一层白色絮状霉。

【发病条件】 猝倒病是由鞭毛菌亚门的瓜果腐真菌侵染引起的真菌病害。病菌腐生性很强，可以在土壤中长期存活，以卵孢子和菌丝体在土壤中的病残体上越冬。遇有适宜条件即可萌发产生孢子囊，以游动孢子或直接长出芽管侵入寄主。田间再侵染主要靠病苗的病部产出孢子囊及游动孢子，借灌溉水、粪肥和农具等传播。

黄瓜幼苗多在苗床温度较低时发病，土温 15℃～16℃时，最适宜病菌生长。育苗期出现低温、高湿以及光照不足条件时，极有利于发病。1～2 片真叶期的幼苗，由于子叶的营养已基本用完，新根还没有扎实，真叶的自养能力弱，抗病能力也弱，所以，容易感染此病；3 片真叶后，一般很少发病。

【防治方法】 以加强苗床管理为主，喷洒药剂防治为辅，通过调控苗床温、湿度进行综合防治。

一是选好苗床地块。苗床应选在地势高燥、背风向阳、地下水位低、排水良好、土质肥沃的地块。选用无病新土做床土，注意床土的消毒，床土要平整、疏松。施足充分腐熟的有机肥，同时土肥一定要混拌均匀。冬春茬黄瓜在育苗时，可采用电热线温床、营养钵苗床育苗。

二是对床土和种子进行消毒处理。床土消毒可用50%福美双、50%多菌灵和25%甲霜灵可湿性粉剂等，每平方米苗床用量5～8克(最多不能超过10克)，掺入细土10～15千克混拌均匀。施用药土前，先把苗床灌足底水，待水渗下后，取1/3药土撒施于苗床畦面，其余的2/3药土撒于播种后的种子上。撒施药土时，畦面一定要保持湿润，且药土撒施得要均匀，避免发生药害。种子消毒可用50%多菌灵可湿性粉剂500倍液浸种30分钟；也可用25%甲霜灵可湿性粉剂，或58%甲霜灵锰锌可湿性粉剂，或72.2%普力克水剂800倍液浸种30分钟，可预防多种真菌性病害。也可在苗床或定植穴中施用激抗菌968以预防病害的发生，同时注意催芽不要过长，播种不要过密。

三是加强苗床管理。苗床气温控制在20℃～30℃，地温保持在16℃以上，注意提高地温，降低棚室内湿度。出苗后，尽量少浇水。如果需要浇水时，一定要选择晴天浇水，切忌大水漫灌，可于清晨用喷雾器喷水，适量通风，增加光照，严防瓜苗徒长染病。苗期喷施植保素8 000～9 000倍液，可增强幼苗的抗病力。

四是及时进行药剂防治。苗床一旦发病，应及时把病苗及邻近床土清除，在病苗及其周围喷洒0.4%的铜铵合剂。发病初期可用25%甲霜灵可湿性粉剂800倍液，或64%杀毒矾可湿性粉剂500倍液，或40%乙磷铝可湿性粉剂200倍液，或72.2%普力克水剂400倍液，或70%代森锰锌可湿性粉剂500倍液，或15%恶霉灵水剂450倍液，每7～10天喷1次，连续喷2～3次。喷药后，撒干土或草木灰，以降低苗床土层湿度。

(2)立枯病 又称烂根、死苗病，是黄瓜苗床常发病害之一。发病严重时，造成成片毁苗，给生产带来很大损失。

【症 状】 立枯病一般在出苗经过一段时间生长之后发生，主要发生在育苗后期或苗床温度较高时。最初在病苗的茎基部产生椭圆形暗褐色病斑，病斑逐渐向里凹陷，扩展后绕茎1周，造成病部萎缩、干枯，致瓜苗死亡，但不倒伏，这是与猝倒病的区别之处。发病初期仅个别秧苗在白天呈萎蔫状，夜间恢复，反复数日后，病苗逐渐枯死。湿度大时，病部常生有稀疏的暗褐色蛛丝状霉。病程进展慢，有别于猝倒病。

【发病条件】 立枯病是由半知菌亚门的立枯丝核菌引起的土传病害，病菌在土壤中或病残体上越冬。主要靠灌溉水、农具以及带菌的粪肥传播。发病的适宜温度为24℃，最低13℃，最高42℃，高温、高湿有利于发病和蔓延。播种过密，分苗、间苗不及时，苗床湿度大，幼苗徒长等，将加重病害的发生和蔓延。

【防治方法】 采取栽培技术防治与药剂防治相结合的措施。①苗床或育苗盘药土处理。可选用的药剂有40%拌种双粉剂或50%多菌灵粉剂等。使用方法同防治黄瓜猝倒病。也可以用97%恶霉灵可湿性粉剂3 000～4 000倍液，在播种前浇灌苗床，每平方米用药液2～3升。②加强苗床管理。调节好棚室内的温、湿度，适当通风降湿，防止苗床高温、高湿条件出现。③药剂防治。发病初期及时喷药，可用5%井冈霉素水剂1 500倍液，或2%武夷霉素100～150倍液，或15%恶霉灵水剂500倍液等。④当立枯病与猝倒病混合发生时，可用72.2%普力克水剂1 000倍液加50%福美双可湿性粉剂1 000倍液喷洒。每平方米床面喷药液2～3千克，每7天喷1次，连续防治2～3次。

同时，防治猝倒病的其他药剂对立枯病也有效。喷药防治，要选择晴天进行。喷药后，可撒一些草木灰，降低土壤湿度；合理轮作，可创造一个不利于其发病的环境条件。

62. 黄瓜烂瓜是什么病害引起的？如何识别与防治？

冬季温室栽培黄瓜，由于受低温、高湿与弱光照等环境条件的影响和管理措施的不当，当黄瓜进入结果期后经常出现烂瓜现象。究其原因，主要是由灰霉病、菌核病、黑星病、疫病、蔓枯病、花腐病、炭疽病以及细菌性软腐病、角斑病、缘枯病等侵染所致。

(1)灰霉病 由半知菌亚门灰葡萄孢菌引起的真菌病害。

【症 状】 病菌主要从开败的雌花侵入，致花瓣腐烂，并长出淡灰褐色的霉层，进而向瓜条扩展，引起瓜纽腐烂，病部呈水浸状，瓜条褪色、变软、腐烂，表面密生淡灰色霉层。烂花或烂瓜的腐败液滴落到叶片上后，会以此为中心形成20～50毫米的大病斑。低温高湿、叶面结露时间长和通风不及时等环境条件极有利于灰霉病的发生和侵染，黄瓜结瓜期是该病侵染和烂瓜的高峰期，菜农应提前予以防治。

【防治方法】 参阅第63问。

(2)菌核病 由子囊菌亚门核盘菌引起的真菌病害。

【症 状】 果实染病多在残花部，先呈水浸状并迅速软腐，后长出大量白色菌丝，菌丝纠结成黑色菌核。低温、高湿有利于菌核萌发和菌丝生长、侵入及子囊盘产生，因此，越冬黄瓜最易受菌核病的危害。

【防治方法】 以生态防治为主，辅之以药剂防治，可以控制该病发生流行。①农业防治。上茬作物拉秧后，深翻土壤

20 厘米，将菌核埋入深层，抑制子囊盘出土；同时采用配方施肥技术，增强寄主抗病力。②物理防治。采用高畦覆盖地膜抑制子囊盘出土；释放子囊孢子，减少菌源。③生态防治。上午闷棚提温，下午及时通风排湿，适当适时浇水，降低棚内湿度。④发病初期，可采用烟雾或喷雾法防治。选用的药剂基本与灰霉病相同。在防治灰霉病时，也兼治了菌核病。

(3)黑星病 由半知菌亚门瓜疮痂枝孢霉引起的真菌病害。

【症　状】 黄瓜果实染病，初为近圆形暗绿色斑，分泌乳白色胶粒，逐渐变为琥珀色，干硬后易脱落。潮湿时表面长出灰黑色霉层，致病部呈疮痂状，病部停止生长，形成畸形瓜。该病病菌在空气相对湿度 93%以上，平均温度为 15℃～30℃之间较易产生分生孢子，分生孢子适宜萌发的温度是 15℃～25℃，并要求有水滴和营养。空气相对湿度在 90%以上，植株叶面结露，是该病发生和流行的重要条件。

黑星病侵染瓜条与炭疽病不易区别，炭疽病的病斑稍长，并互相连接，没有孔洞，剖开果肉呈湿浸状；潮湿时，表面产生粉褐色黏稠状物。

【防治方法】 选用抗病品种。在加强栽培管理的基础上，可用 45%百菌清烟剂或 10%多百粉尘剂，也可用 50%多菌灵或 70%代森锰锌可湿性粉剂 800 倍液，或 2%武夷霉素水剂 150 倍液喷雾；同时加强检疫，严防此病传播蔓延。

(4)疫病 由鞭毛菌亚门甜瓜疫真菌引起的真菌病害。

【症　状】 多从瓜蒂部开始发病，瓜条染病，初为水浸状暗绿色，逐渐缢缩凹陷，潮湿时，表面长出稀疏白霉(这是与灰霉病区别之一)，迅速腐烂，发出腥臭气味。该病发病适温为 28℃～30℃，在适宜温度范围内，土壤水分是此病流行的决定因素。因此，棚内浇水过多发病早、传播蔓延快，且危害严重。

【防治方法】 应以栽培防病为主，辅以药剂防治。①选用耐病品种。用黑籽南瓜或白籽南瓜做砧木进行嫁接可防疫病及枯萎病等。②对苗床及保护地土壤消毒，苗床每平方米用25%甲霜灵可湿性粉剂8克与土拌匀撒在苗床上，保护地于定植前用25%甲霜灵可湿性粉剂750倍液喷淋地面。③药剂浸种。可用72.2%普力克水剂或25%甲霜灵可湿性粉剂750倍液浸种半小时后催芽。④加强田间管理。采用配方施肥技术，苗期控制浇水，结瓜后做到见湿见干，一旦发现疫病，及时拔除深埋，尽量控制浇水，以抑制病情发展。⑤药剂防治。发病前或发病初期喷洒或浇灌下列药剂：50%美派安600倍液，或72.2%普力克水剂600～700倍液，或64%杀毒矾可湿性粉剂500倍液，每7～10天1次；病情严重时可5天1次，连喷3～4次。

(5)蔓枯病 由子囊菌亚门甜瓜球腔菌引起的真菌病害。

【症　状】 瓜条发病，多在花后部呈干腐状腐烂，病斑上着生褐色小点。在平均气温为18℃～25℃，空气相对湿度高于85%，土壤水分高时，易发病。连作地、平畦栽培，或排水不良、密度过大、肥料不足、寄主生长衰弱发病重。

【防治方法】 要注意提前进行预防。①实行轮作。采用配方施肥技术，施足充分腐熟的有机肥。②药剂防治。发病初期喷洒75%百菌清可湿性粉剂600倍液，或36%甲基硫菌灵悬浮剂400～500倍液，隔3～4天再用药1次。

(6)花腐病 由接合菌亚门的瓜笄霉菌引起的真菌病害。

【症　状】 发病初期，黄瓜花和幼果发生水浸状湿腐，病花变褐腐败，病菌从花蒂部侵入幼果后，向瓜上部扩展，致病瓜外部逐渐褐变，表面生出长有大头针一样小黑头的灰白色霉层。高温、高湿条件下病情扩展迅速；干燥时，半个果实变褐，即失去食用价值。

【防治方法】 根据该病的发生规律，一定要在黄瓜开花至幼果期开始喷药防治。可用58%雷多米尔或64%杀毒矾可湿性粉剂500倍液，50%DT 500倍液或20%一铜天下1 000倍液喷雾防治。

(7)炭疽病 由半知菌亚门的葫芦科刺盘孢菌引起的真菌病害。

【症　状】 瓜条发病初为圆形浅绿色凹陷斑，病斑上有黑色小点，后期病斑上出现粉褐色黏稠状物，干燥时病斑逐渐干裂，露出果肉。多发生在大瓜上。

【防治方法】 选用抗病品种。对种子进行温汤浸种灭菌，加强栽培管理，增施磷、钾肥，提高植株抗病性；调节温湿度，抑制病害发生。及时用药剂进行防治，可选用的药剂有：50%甲基托布津可湿性粉剂700倍液加75%百菌清可湿性粉剂700倍液，或50%施保功可湿性粉剂900～1 700倍液，或施保克乳油1 000～1 800倍液，或2%农抗120水剂200倍液，或50%多菌灵可湿性粉剂500倍液等。每7～10天喷施1次，连喷2～3次。

(8)细菌性软腐病 是由胡萝卜软腐欧文菌胡萝卜软腐致病变种引起的病害。

【症　状】 果实染病先在病部产生褪绿圆斑，后逐渐凹陷、发软，病部逐渐扩大，内部软腐，表皮破裂崩溃，从内向外淌水，整个果实腐败分解，散发出臭味。病菌发育的适温为2℃～40℃，在温度为25℃～30℃、空气相对湿度为90%以上时，病害迅速发生流行。

【防治方法】 预防为主，采取综合防治的措施。①加强田间管理。适时适量浇水，注意通风和降低田间湿度。如掐须抹杈造成伤口后，要及时喷药，减少病菌的侵染。②发现病株及时拔除深埋，并用石灰消毒。③发病前或发病初期可喷洒下列药剂，50％琥胶肥酸铜可湿性粉剂500倍液，77％多宁或77％可杀得可湿性粉剂500倍液等。每3～5天1次，连喷2～3次。

(9)细菌性角斑病 由假单孢杆菌属的一种细菌侵染引起的细菌病害。

【症 状】 病斑呈水浸状，近圆形，后变为淡灰色，病斑中部常产生裂纹。潮湿时，病斑可能产生菌脓，病斑可向瓜条的内部发展，沿维管束的果肉变色，一直延伸到种子。染病的瓜条，后期腐烂，有腥臭味。幼瓜被害后，常腐烂，并早期脱落。

【防治方法】 进行种子消毒，加强栽培管理措施，实行轮作换茬并注意降低棚内的湿度。于发病初期选用72％农用链霉素3 000～4 000倍液，15％赛博可湿性粉剂600～800倍液，47％加瑞农可湿性粉剂800～1 000倍液，2％春雷霉素水剂400～750倍液，77％多宁或77％可杀得可湿性粉剂500倍液轮换喷雾。

(10)细菌性缘枯病 由边缘假单孢菌边缘假单孢致病型的一种细菌侵染引起的细菌病害。

【症 状】 先在果柄上形成水浸状病斑，后变褐色，果实黄化凋萎；脱水后，呈木乃伊状，湿度大时，病部溢出菌脓。

【防治方法】 参阅细菌性角斑病的防治方法。

63. 黄瓜灰霉病较难防治的原因及防治措施是什么？

黄瓜灰霉病病菌为半知菌亚门的灰葡萄孢菌，在棚室栽培的黄瓜上普遍发生，主要危害幼瓜、叶、茎。果实发病时，病菌大多从开败的雌花处开始侵染，造成花瓣腐烂，并长出淡灰褐色的霉层，进而向瓜条扩展，致脐部呈水浸状，很快变软、萎缩、腐烂，表面密生淡灰色霉层。病花、病瓜等落在茎叶上会引起茎叶发病，叶部病斑初为水浸状；发病迅速时，病斑处的叶肉组织变薄，病斑上有明显轮纹；湿度大时易穿孔，后期变成淡灰褐色斑，边缘明显，表面着生少量灰色霉层；茎部发病能引起茎部腐烂，严重时，茎下部的节腐烂致蔓折断；空气相对湿度大时，病部密生灰色霉层，植株枯死。

冬季棚室内温度低、空气相对湿度大、通风不及时，以及夜间叶面结露时间长等条件都很适宜灰霉病病菌生长发育。同时，灰霉病病菌属弱寄生性，当黄瓜进入结果期后，棚内有大量的残花等衰老组织存在，正好为灰霉病病菌提供了合适的寄主。所以，深冬季节黄瓜结果期是灰霉病的盛发期。

灰霉病之所以较难防治，主要是因为灰霉病在危害后所形成的病斑会很快着生大量分生孢子，这些分生孢子极易随气流飞散传播，附着在保护地的棚膜、立柱、墙体和地面等各个部位，以及黄瓜植株的各部，即使在使用杀菌剂的情况下，也难以杀死棚室内的全部孢子；同时灰霉病病菌易对药物产生抗性，所以，选用药物不当，也是防治难的原因。

根据灰霉病的发病规律，针对灰霉病难防治的原因，生产实践中，可采取以下措施对灰霉病进行防治。

(1)提温降湿，搞好生态防治　推广高畦覆地膜和滴灌栽培法，是降低棚内湿度最重要的措施。同时生长前期及发病后，适当控制浇水，适时晚通风，提高棚温至33℃，则不产生孢子，降低湿度，减少棚顶及叶面结露和叶缘吐水，创造不利于灰霉病病菌生长发育的条件。此法同时可兼治霜霉病。

(2)对棚室进行熏烟防治,以更全面地消灭菌源 针对灰霉病病菌分生孢子量大,且易随气流传播的特点,用百速烟剂对保护地进行熏烟,能消灭附着在棚膜、墙体、地面、立柱和蔬菜等各处的病菌孢子,比喷药杀菌效果更彻底。寿光菜农通过试验证明,应用菌核净熏烟效果很好。其方法是:每667平方米棚室用200克菌核净,先点燃玉米芯或木柴,等待冒烟后,把火盆移入棚中,把菌核净撒在火上生烟,从棚口远端开始熏起,移动后退即可。这样,大量的灰霉病病菌分生孢子就被杀死,大大减少了棚室内的菌原,为灰霉病的防治打下良好基础。

(3)对花实施重点防治 灰霉病病菌多从开败的雌花处开始侵染,所以,防治灰霉病的重点是,对花尤其是开败了的雌花要进行重点喷药防治,有的细心的菜农采取"拾花"(即把花拿掉)的方法,效果也很好。可在"拾花"后,结合喷药防治,效果会更好。

(4)合理选用药剂,注意交替轮换用药,避免产生抗药性 灰霉病病菌最易产生抗药性,所以,在选用药剂时一定要注意。对因长时间使用或本地区多年用的药物效果不好时,要及时更换其他品种药物,同时注意合理混用农药,以降低抗药性的产生。可选用的药剂有50%速克灵可湿性粉剂2 000倍液,50%扑海因可湿性粉剂1 500倍液等。同时,还要注意综合防治,一旦灰霉病发生,采取熏烟、喷药相结合的方法,白天喷药、晚上熏烟效果好;同时调节好生态环境,这样才能及时有效地防治灰霉病的发生。

64. 黄瓜霜霉病为何屡治不止?

当霜霉病发生时,其发病症状比较容易分辨,基本能够做到对症下药，但是，治疗效果却往往不是很理想，究其原因，主要是因为菜农对此种病害的发病条件不是很了解。因此，要想很好地控制霜霉病的发生，首先要从控制发病条件入手。

影响黄瓜霜霉病发生的重要环境因素有温度和空气相对湿度，其中空气相对湿度是最重要的发病条件，所以，防治霜霉病首先要做好生态防治。黄瓜霜霉病的生态防治技术如下：

(1)加强通风，控温控湿 尽量采用膜下供水，杜绝大水漫灌，采用晴天小水勤浇方式供水，阴天和雨天坚决不浇水。在 8～13 时闭棚升温，使棚内温度由 10℃～13℃迅速上升到 25℃～30℃，超过 33℃开小缝通风，空气相对湿度逐渐下降至 75%左右。13～18 时开大缝通风，降温排湿，保持棚内温度 25℃左右，空气相对湿度低于 80%，不适合霜霉病发生。18 时至午夜零时棚内相对湿度逐渐上升至 80%，温度逐渐下降到 15℃～20℃，不适合病菌侵染。由零时到 8 时棚室内相对湿度可达到 90%以上，但因温度下降到 10℃～13℃，此时也不适合病菌侵染。早晨先通 15 分钟的风，将高的空气相对湿度降下来，同样在下午关棚前也要通 15 分钟的风，此时温度保持在 20℃左右。

(2)高温闷棚 利用晴天，将棚室封严，使黄瓜生长点部位的温度迅速升到 45℃，保温 2 小时；然后多点通风降温，加强管理，或者第一次闷棚后，隔 4 天再闷 1 次，10～15 天再闷 1 次，也可控制病情发展。但必须注意，高温闷棚时，必须保持尽可能高的土壤水分，闷棚前一天浇水，次日闷棚时效果更好；闷棚的次日还应浇 1 次水，闷棚时一定要注意测温，一般可每 10 分钟测量 1 次温度。

(3)营养防治 增施磷、钾肥，提高植株抗病性。结瓜后打底叶，以减少营养消耗；在结瓜盛期即24～25片叶后摘顶，控制营养生长。生长中后期长势弱，营养不足，植株体内氮、糖含量下降，容易诱发霜霉病，可采用叶面喷施氮、糖液补充营养，氮、糖液的配比为：白糖1份，尿素0.5份，水100份，间隔5天喷1次，连续喷5次，如已发生霜霉病，可在氮、糖营养液中加58％瑞毒锰锌，或65％代森锰锌500～600倍液喷雾。最好在午后3～4时喷施，以喷洒在叶背效果好。

(4)药剂防治 可选用美派安、安克、烯酰吗啉、灭克、霜脲锰锌、抑快净、金雷多米尔和阿米西达。另外，在防治霜霉病时，要注意细菌性角斑病的同时发生，可以在防治霜霉病的药剂中，加入防治细菌性角斑病的药剂。

65. 如何通过看叶相辨别棚室黄瓜的各种病害？

棚室内空气相对湿度较大，温度较高，容易造成黄瓜多种病害的发生。如果防治不及时，很容易导致减产，甚至绝产。这些病害一般先从叶部发现病症，可以通过观察叶相辨别出来，提前防治，达到增产增收的目的。

(1)霜霉病 苗期子叶上出现褪绿、呈枯黄不规则病斑，湿度大时叶背面有灰黑色霉层。成株期一般先从中部叶片发病，向上、向下传播扩展，叶上出现浅绿色水浸状斑点，扩大后受叶脉限制，病斑呈多角形，黄绿色；然后变淡褐色，后期病斑成片，全叶干缩。湿度大时，叶背面也会出现灰黑色霉层。

(2)枯萎病 幼苗期茎基部变黄褐色或全株枯萎，多呈猝倒状。成株期，发病之初叶片从下向上逐渐萎蔫，似缺水状，中午更为明显，早晚恢复正常。后期整株叶片枯萎下垂，不再恢复常态。

(3)疫病 苗期嫩尖呈暗绿色，似水浸状软腐，最后全株枯死。成株期病叶产生暗绿色水渍状斑点，后扩展为近圆形的大病斑，湿度大时，很快形成全叶腐烂。

(4)白粉病 黄瓜发病初期，叶片正面或背面产生白色近圆形的小粉斑，逐渐扩大成边缘部明显的连片白粉，最后变成灰白色或红褐色，叶片也变成枯黄色且发脆，一般不脱落。

(5)炭疽病 苗期子叶边缘出现半圆形褐色斑，稍凹陷。成株期叶部病斑近圆形，大小不等，初为水浸状，很快干枯成红褐色，边缘有黄色晕圈，病斑上同心轮生黑色小点，潮湿时，有粉红色黏稠物质溢出，干燥时，病斑开裂、穿孔。

(6)细菌性角斑病 苗期子叶上发生圆形或近圆形水浸状凹陷斑，逐渐变成褐色、干枯。成株期叶正面病斑呈淡褐色，背面受叶脉限制呈多角形，初为水渍状，后期叶背面病斑上有乳白色菌脓产生，病斑质脆，易穿孔造成脱落。

(7)病毒病 黄瓜幼苗期感病，子叶变黄枯萎，幼叶呈浓、淡绿色不均匀斑驳，逐渐发展为深、浅绿色相间的花叶。病叶小而有皱缩并有下卷趋向，叶片变硬发脆，植株矮小。后期下部叶片逐渐变黄枯死。

(8)叶枯病 受害之初呈水渍状小圆斑，扩大后的病斑正面具有同心轮纹，数个病斑常合并成大斑，使叶片卷曲或全株大量落叶。

(9)黑星病 叶片受害后产生湿润状污点，渐成淡褐色斑点，最后脱落形成穿孔。

(10)褐斑病 叶片受害初产生褪绿小点，后渐发展成多角形至不规则形坏死小斑，灰白至浅黄褐色，边缘明显或具有晕环，后期病斑凹陷，湿度大时，表面产生灰褐至淡黑色霉状物，多个病斑相连致使叶片早衰死亡。

66. 造成黄瓜死棵现象的侵染性病害有哪些？如何综合防治？

近几年来，用黑籽南瓜做砧木嫁接的黄瓜死棵现象严重，病因多种，主要的原因是由瓜类腐皮镰孢菌引起的根腐病；大水漫灌，田间积水引起的疫霉根腐病；嫁接口附近消毒不好，引起的蔓枯病；细菌侵染造成的枯萎病、青枯病等。另外，还有一种茎线虫，用吻针刺破根部外皮，使皮下组织变褐发虚，最后皮层变为褐色龟裂状，此时如果茎点霉菌、腐皮镰孢菌、疫霉菌或其他土传菌类趁机侵染的话，就能导致发病更加严重，黄瓜死棵现象自然也就更加突出。

黄瓜死棵病发病特点是：老棚大水漫灌，田间积水时发病重，施用未经发酵腐熟的有机肥的保护地发病重，而施用微生物有机肥的发病轻，基本不发生黄瓜死棵病。

由于侵染性病害造成黄瓜整株死亡时，通常可以在黄瓜的茎和根部发现病斑或病症，可以通过病斑发生的位置以及植株死亡的表现做出诊断。

(1)镰刀菌枯萎病

【症状识别】 近地表的根颈部，病部干腐缢缩，表皮纵裂，表面布有白色和红色粉末。纵向剖开病茎可看到，维管束变褐且向上伸展。多从进入结瓜期开始发病。叶片从下向上发生萎蔫，中午尤为严重，早晚尚可恢复。数日后整株萎蔫死亡。因病程长，死亡的植株有叶片焦枯的症状。

【发病条件】 由半知菌亚门的尖镰孢黄瓜转化型菌侵染引起的真菌病害。病菌以菌丝体、分生孢子器或菌核在病残体、未腐熟的有机肥或土壤中越冬；也有的附着在种子上越冬，其生活力很强，在土壤中可存活 5～6 年。当条件适宜时，病菌通过气流、灌溉水或风雨传播。病菌发育和侵染的适温是24℃～25℃，最高34℃，最低4℃。空气相对湿度在90%以上时易发病。连作、土壤过分干旱和土质黏重、呈酸性的易发病。

(2)疫　病

【症状识别】　病斑可出现在茎部任一部位，甚至叶柄。幼株多从幼嫩的生长点处发生污绿色水浸状，萎蔫、软腐、枯干造成"秃尖"。成株病部暗绿色软腐、缢缩。叶部发病多从叶缘或叶与叶柄连接处出现水浸状大病斑，扩展迅速。病斑以上的茎叶萎蔫下垂，如果病斑发生在植株基部，则整株凋萎死亡。发病迅速，病程短，严重影响黄瓜的产量。

【发病条件】　由鞭毛菌亚门的德氏疫霉菌侵染引起的真菌病害，病菌以菌丝体、卵孢子及厚垣孢子随病残体在土壤或粪肥中越冬。翌年条件适宜时长出孢子囊，借助于风、雨、灌溉水传播，寄主被侵染后，病菌在有水的条件下经过4～5小时，就可以产生大量孢子囊和游动孢子。病菌发育和侵染的适温是28℃～32℃，最高温37℃，最低温9℃。在28℃～30℃的发病适温范围内，土壤水分是此病流行的决定因素。所以，阴雨雪天气多、棚室浇水勤或浇水量大，疫病就发生早，传播快，发病重。

(3)蔓枯病

【症状识别】　病斑多发生在黄瓜茎上任一部位。病斑一般发生在茎节部，初为油浸状，呈圆形或梭形，灰白色，凹陷，能分泌出琥珀色胶状物；干燥后，变为红褐色，病斑变干纵裂，其上有大量小黑点，严重时茎腐烂。叶上病斑大，病斑以上茎叶萎蔫死亡。如果病斑发生在基部，则会导致整株死亡。

【发病条件】　由子囊菌亚门的甜瓜球腔菌侵染引起的真

菌病害，病菌多以分生孢子器在病残体上越冬，种子可带菌。通过浇水、水溅等进行传播。温度为18℃～25℃，空气相对湿度为85%以上时，此病易发生流行。

(4)根腐病 分为镰刀菌根腐病和拟茎点霉根腐病，主要侵染根部。

【症状识别】 镰刀菌根腐病的发病初期，植株的主根或须根变黄，地上部无明显症状，以后病部明显扩展，地上部的叶片在中午时下垂，早、晚恢复。几天后，根部呈黄褐色湿腐，地下部呈青枯状萎蔫、死亡。条件适宜时，从发病到死亡一般3～5天。干旱时，潜伏期长。死亡后，其根部完全腐烂，只剩下丝状的维管束。主根受害严重时，茎基部发生萎缩。其症状容易同疫病混淆。

拟茎点霉根腐病的症状基本同镰刀菌根腐病相似，只是有时可见灰白色带状菌丝体块，在根皮细胞可见密生的黑点，为病菌的分生孢子器。用黑籽南瓜做砧木嫁接的黄瓜也发病，一般在嫁接黄瓜开始结瓜至持续采收期开始发病，发病初期黄瓜的叶片失去活力，晴天中午叶片萎蔫，早晨、傍晚或阴天恢复正常，如此反复数日后下部叶片开始枯黄，逐渐向上扩展；用做砧木的黑籽南瓜茎基部发生水浸状变褐腐败，造成整株枯死。发病轻的外部症状不明显，砧木和接穗的维管束不变褐，但细根变褐腐烂，主根和侧根一部分变为浅褐色至褐色，严重的根部全部变为褐色至深褐色，细根基部发生纵裂。且在不整齐的纵裂中间产生灰白色的黑带状菌丝块，在根部细胞上可见密生的小黑点。

【发病条件】 镰刀菌根腐病的病原为瓜类腐皮镰孢菌。在土壤及病残体上越冬，其厚垣孢子可在土壤中存活5～6年。病菌从根部的伤口侵入。高温、高湿时，有利于发病；连作、低洼地与土质黏重，有利于发病。发病的适宜温度为25℃。

拟茎点霉根腐病的病原为拟茎点霉菌，随病残体在土壤中越冬，15℃～30℃均可发病，20℃～25℃发病重。土壤黏重，通透性差，植株生长衰弱易发病。

(5)细菌性枯萎病

【症状识别】 茎部受害处变细，病斑两端呈水浸状，剖开茎部用手挤压，从维管束的横断面上溢出菌脓，用洁净的火柴棍蘸着菌脓可拉成丝状。没有维管束变褐和根部腐烂的现象。病斑以上茎叶首先萎蔫，而后该病迅速扩展，致使整株凋萎死亡。

【发病条件】 由黄瓜萎蔫欧文菌侵染引起的细菌性病害。适宜的生育温度是25℃～30℃，最高为34℃～35℃，在43℃时经10分钟致死。

(6)综合防治措施 因黄瓜死棵的病因很多，必须采取以下4种措施综合进行防治。①大力推广微生物肥。用微生物肥育苗，培育无病壮苗；用微生物肥做基肥，可采用条施、穴施或撒施的方法进行。能防治各种菌引起的黄瓜死棵，并对线虫病有抑制作用。但施用时间要早，可在移栽时，施入穴中或浸根后再栽培，发病后再用，其效果就大打折扣了。②选用抗病南瓜做砧木对黄瓜进行嫁接。嫁接时，应严格对嫁接刀和用具全面消毒；浇水时，一定不能让嫁接口接触流水，以免传播土传病害。③与十字花科作物轮作3年以上；采用高畦栽培，浇水适量，缩短浇水时间，防止大水漫灌田间积水伤根，适时松土，增加土壤的通透性。此方法对由各种土传病害引起的黄瓜死棵现象均有很好的预防效果。④药剂防治。发病前，利用药剂灌根防治，发现病株，及时拔除。可用77%的多宁与50%扑海因按1∶1混合后的300倍液或用77%多宁50克、兰益微20克对水15升，用其水溶液喷灌根际部，或每株灌药液250毫升，能防治黄瓜多种病原菌引发的根腐病和蔓枯病；若个别植株茎蔓病斑大而严重，可用嘧酞霉素4%水剂混加百可得或百菌清喷洒；也可直接涂抹病部，此法对蔓枯病有特效。田间湿度大时，可用50%多菌灵可湿性粉剂或50%甲基托布津可湿性粉剂配成药土撒在茎的基部。如果有茎线虫为害根部而引起各种死棵病株的话，可用77%多宁50克加兰益微20克加阿维辛硫磷水剂35毫升，混合后对水15升，用其混合药液灌根，每株灌药液250毫升左右，防治效果显著。

67. 黄瓜流胶是什么原因？如何防治？

(1)原因 在进入冬季以后，棚内湿度增大，加上阴雨雪天气增多，许多棚室内通风不及时，造成棚室内黄瓜瓜条或者蔓上出现流胶现象。能够使黄瓜产生流胶的病害有很多种，如镰刀菌枯萎病、炭疽病、蔓枯病和黑星病等都会引起瓜条或者是茎蔓上流胶，这几种病害的症状相似，要注意加以区分：一般情况下，镰刀菌枯萎病只是在茎蔓上流胶，黑星病发生较少，并且黑星病发生时，在瓜条上出现暗绿色的凹陷斑，病部呈疮痂状，炭疽病和蔓枯病都会在瓜条或者茎蔓上出现流胶，蔓枯病在叶片上表现圆形或者自叶缘向内呈“V”字形的淡褐色斑，后期易破裂，病斑上会出现黑色小斑点。另外，瓜条如果受外伤，也会引起流胶现象，这是黄瓜的一种自我调节方式。

(2)防治方法 可采用以下方法：①降低棚室内湿度。浇水时，要小水勤浇，选择晴天中午浇水；连阴天时，可使用烟雾剂或粉尘剂防治各种病害，避免增加空气相对湿度。②施用施保功、络氨铜等药剂防治。由于瓜条流胶时，也有可能伴随着黄瓜花腐或灰霉病，所以，施药时，还应加上灰霉威或速克灵等药剂，防止瓜条再次染病。防治这种病害的发生，关键是控制空气相对湿度。在连续阴天时，棚室黄瓜在保持棚内湿度的基础上，注意加强通风。

68. 黄瓜的茎部常发生哪些病害？怎样防治？

黄瓜茎的保护组织不发达，常常会受到病害的侵袭。侵染黄瓜茎部的病害主要有以下几种：

(1)蔓枯病

【症　状】 主要危害瓜蔓。多发生于植株中下部的茎节部位，尤其以嫁接口偏上部位发生较多；病斑多呈椭圆形或长形，淡褐或黄褐色，有时病部流出琥珀色树脂胶状物，后期病茎干缩，纵裂成乱麻状。

【防治方法】 可采用轮作换茬、种子消毒、土壤消毒和配方施肥等技术。发病初期，可叶面喷施百可得 800 倍液，或甲基托布津 600 倍液进行防治；也可用上述药剂提高浓度涂抹病茎，进行防治。

(2)黑星病

【症　状】 黄瓜的全生育期均可发病。茎蔓感病后，黄瓜成为水浸状暗绿色梭形斑，后变暗色，开裂状，流出白色胶状物，表面常生灰黑色霉层；生长点染病，2～3 天烂掉，形成秃桩。

【防治方法】 参阅第 62 问。用药时，一定要严格掌握使用浓度并混加金云大-120，以防发生药害，形成“花打顶”。

(3)菌核病

【症　状】 从苗期至成株期均可发病，主要危害茎蔓和瓜果。茎蔓染病多在近地面的茎部或主侧枝分杈处，产生褪绿色水浸状病斑；在高湿条件下，病茎软腐，长出浓密的白色菌丝。病茎髓部遭破坏而腐烂致中空，或纵裂干枯。

【防治方法】 参阅第62问。

(4)拟茎点霉根腐病

【症　状】 主要发生在嫁接栽培的黄瓜上。其开始表现为毛细根变褐，后茎基部变暗、变细、腐烂，严重的根部全部变为褐色或深褐色，根基部纵裂，在纵裂中间产生灰白色的黑带状菌丝块，在根皮细胞可见密生的小黑点。

【防治方法】 发病初期，可用10%世高1 500倍液、98%恶霉灵3 000倍液等药剂灌根防治。

(5)疫霉根腐病

【症　状】 一旦发生，发展迅速。成株染病主要在茎基部。初期在茎基部或一侧出现水渍状病斑，病部迅速缢缩，地上部来不及失绿就迅速萎蔫死亡，呈青枯状。

【防治方法】 发病初期，可用72.2%普力克600倍液，或58%雷多米尔500倍液灌根防治。

(6)立枯病

【症　状】 该病多于茎基部发生，初在茎基部上出现小黑点或直接缢缩，绕茎1周后，茎变黑褐色植株枯死。

【防治方法】 发病初期，可用20%甲基立枯磷1 000倍液，或30%苗菌敌800倍液灌根，进行防治。

(7)灰霉病

【症　状】 多由于叶片或花朵上的灰霉孢子散落在茎蔓上导致的。发病严重时，下部的节腐烂，致使茎蔓折断，植株死亡。

【防治方法】 参阅第62问。

(8)细菌性角斑病

【症　状】 该病危害茎蔓，初生淡灰色水浸状近圆形小斑点，表面常有乳白色菌脓，老病斑易于干枯呈灰白色，常伴有开裂流胶现象发生。

【防治方法】 参阅第62问。

(9)细菌性软腐病

【症　状】 该病危害茎蔓，常导致茎秆腐烂，且有腥臭气味，是其诊断要点。

【防治方法】 参阅第62问。

69. 如何用生态调控法防治温室黄瓜病害?

(1)黄瓜病害生态调控原理 温室黄瓜病害是影响黄瓜产量和品质的主要因素。温室黄瓜病害主要有霜霉病、灰霉病、细菌性角斑病、菌核病、炭疽病和黑星病等。这些病害都是低温或高湿病害，发病适温多在18℃～25℃之间，同时伴有高湿或叶面结露。这两个条件是病害迅速发生和流行的必要条件，若改变其中一个条件就能达到抑制或减轻病害发生的目的。因此，温度和湿度是影响病害发生的两个主要生态因子。如果利用温室的密闭条件，人为地调控好温度和湿度，创造不利于病害发生而有利于黄瓜生长发育的室内环境条件，就可达到控制病害发生的目的。

(2)黄瓜生长前期的生态调控 黄瓜生长前期是指从播种育苗到初花期这一阶段。

一是培育壮苗。种子经过处理催芽后播种。播种前，将苗床或营养钵充分浇透水，播种后，覆土厚约1厘米。盖上地膜进行保温，控制土温在28℃～30℃，3天后破土出苗，要及时去掉地膜覆盖物，经 2～3 天即可出齐苗，这时要注意降温通风，白天 22℃～23℃，夜间 18℃左右。整个苗期，晴暖无风天气要尽可能多通风，多见阳光，多炼苗。用抗病的黑籽南瓜做砧木培育嫁接苗，可控制枯萎病等土传病害的发生，也是目前防止黄瓜设施栽培连作病害的最好方法。此外，嫁接苗还有增强耐低温能力和提高产量的作用。

二是温度控制。①多施有机肥。每 667 平方米施入 6 000千克有机肥，特别是腐熟的马粪、麦糠等，可以显著提高土壤贮热、保温、增温能力，间接提高室内温度。②采用小高垄、大小行栽培。大行距 80 厘米，小行距 50 厘米，小行做成暗沟，其上覆盖地膜，既可提高地温，又可降低温室内湿度。高垄栽培使室内接受太阳辐射的表面积增加，可多吸收热量，覆盖地膜可提高地温 1℃～3℃。③多层覆盖。黄瓜冬春茬栽培恰遇一年中温度最低的时期，温室内夜间最低气温可降到 12℃以下，在数日持续低温的情况下要增加覆盖物。其覆盖的方法是：加双苫或单苫配合室内小行间加小拱棚，可提高秧苗间温度 2℃～4℃。

三是湿度控制。①在浇足定植水的情况下，到开花前一般不浇水，大行间要经常进行中耕，保持疏松和干燥状态。若湿度大时，可在中午通风除湿。②前立窗设计渗水槽。由于生产上大多应用无滴膜，生产季节由于棚膜表面结露，水滴沿棚膜斜面流向前窗基部，有时有明水，使前立窗 1 米范围内湿度过大，是霜霉病最早发病和流行的中心。解决方法是：在前立窗内侧挖 25 厘米宽，深 40 厘米的槽，内填麦秸或碎草，上覆 10 厘米厚沙子，可有效地避免地表积水，从而降低湿度，并且还有隔热保温作用。

(3)黄瓜生长中期的生态调控　黄瓜生长中期是指初花

期到结果旺盛期这一段时间。

一是“四段”控温降湿生态调控技术。常规日光温室内，黄瓜光合作用的同化量在8～12时能够完成70%～80%，其余的20%～30%则在13～16时全部完成；16时至上半夜期间把光合产物输送到瓜条及各个生长部位，下半夜主要是呼吸消耗阶段。有利于光合作用的适宜温度为25℃～30℃，空气相对湿度为60%～70%；光合产物的输送适温为13℃～16℃，空气相对湿度为80%～90%。针对黄瓜生长发育在不同时段的温、湿度要求不同，准确采用生态防治技术，一般能收到良好效果。

具体做法是：上午将室内温度控制在28℃～32℃，空气相对湿度降到75%以下，实行温度、湿度双控制，抑制发病，同时满足黄瓜光合条件，增强抗逆性；中午通风，使温度逐渐下降，在16时降低到20℃左右，湿度降至60%～75%，以控制湿度限制病害。为有利于光合产物的运输和转化，前半夜温度变化是20℃～15℃，湿度70%～80%，以温、湿度双控限制病害；后半夜温度下降到10℃～13℃，空气相对湿度上升到90%以上，利用温度限制病害，同时抑制黄瓜呼吸消耗。

二是水分管理。进入结瓜期，黄瓜需水量大幅度增加，结瓜期间的土壤含水量以20%～25%为适宜，低于这一指标即可浇水。土壤含水量的简易检测方法是：随机挖取栽培垄内的土壤，轻握之后扔在地上，若呈均匀破碎状，可断定为需要浇水。选晴天浇水，并要遵守“少食多餐”的原则，每隔一星期浇1次。浇水可以采用隔行轮换的方法进行，这样可以降低室内湿度，并可保持土壤湿润。

三是改善光照。光照条件优劣对生态环境的影响很明显。深冬、早春季节的自然光照条件常因连阴天气而较差，高标准的优质棚膜遮光率能达40%左右，不够标准的棚膜遮光率高达60%以上。温室内光照不足，极易造成黄瓜生长势衰弱而降低对病害的抗性水平。为此，应严格选用优质长寿无滴棚膜，安装应达到拉平、绷紧、固牢的要求，以免影响无滴棚膜防病效果。注意及时除掉棚膜表面的尘土污物，保持棚膜的良好透光性，可明显改善棚内光照条件，有利于升温降湿。结瓜期间及时整枝绑蔓和打掉植株下部病、老叶片，既可减少多种病菌来源，又能改善株行间的通风条件，创造良性循环的局部生态环境，对控防黄瓜病害经济有效。

四是合理追肥。温室栽培黄瓜要追肥，以防止缺素症的发生。追肥一般进行6～7次，分别在活苗后、根瓜收获后、采瓜高峰期和结瓜后期等关键时期进行，每次每667平方米追施复合肥12千克，遵循“少食多餐”的原则，可以结合浇水冲施的方法进行；也可以采用撒、穴、沟施等方法。生长期和结果盛期也可适当应用叶面肥进行喷施。

(4)黄瓜生长后期生态调控

一是温度调控。当温室外最低气温稳定在12℃以上时要整夜通风，避免温度过高，用夜间低温限制黄瓜发病。

二是水分管理。浇水要少，并进行膜下暗浇。浇水后，闭棚使温度下降到32℃左右，维持1小时，而后通大风除湿，经3小时后室温低于25℃，再升温后通1次风。

三是病害控制。黄瓜生长后期，病势往往发展迅猛难以控制，可利用霜霉病菌在42℃以上停止活动而渐渐死亡的特点，采用高温闷杀。其闷杀方法是：选择晴天上午，将温室封严保持温度，使黄瓜龙头部温度迅速升到42℃～45℃，并保持2小时；然后慢慢加大通风口，使温度缓慢下降。

70. 怎样防治黄瓜病毒病?

病毒病是一种毁灭性病害,因病毒难以被杀灭,所以,黄瓜一旦感病,就无法治愈。黄瓜病毒病根据种类目前大体分为6种类型:一是花叶型。叶片上出现黄绿或深浅相间的斑驳,叶面有皱缩现象,病株表现生长缓慢。二是蕨叶型。由上部叶片开始全部或部分变成线状或不规则形状,中、下部叶片微卷,病株表现生长缓慢。三是条斑型。可发生在叶、茎、果上,受害果实具黑斑,深入果肉,商品性差。四是秃顶型。病株顶芽干枯死亡。五是卷叶型。叶脉间黄化,叶片边缘向上弯卷。六是巨芽型。顶部及叶腋长出的芽大量分枝或叶片呈线状、色淡,致芽变大且畸形。生产中,以花叶型和蕨叶型发生较多。

黄瓜病毒病多以白粉虱、蚜虫等害虫传播为主,人们在田间劳作过程中造成的机械损伤,也是传播的重要途径。因此,在种植管理过程中,应采取预防为主、综合防治的技术措施。

(1)选用抗病、耐病品种并进行种子消毒 在选用品种时,应特别关注是否是抗烟草花叶病毒(TMV)和黄瓜花叶病毒(CMV)的种子。病毒病的毒源有20多种,一个品种对所有毒源都有抗性是不可能的,应尽可能选择耐抗多种病毒病生理小种的黄瓜品种种植,并且在播种前用10%磷酸三钠溶液浸种20分钟,或用0.1%高锰酸钾溶液浸种30分钟,经清水洗净后催芽播种,或用50℃～60℃的温汤浸种,都可钝化病毒。

(2)清理田园并进行土壤消毒 前茬作物拉秧时,应把保护地内外的作物和杂草清除干净,深埋或焚烧。可在移栽前闭棚施用敌敌畏烟雾剂熏治残存害虫,并用太阳能加石灰氮进行土壤消毒，以及简单的利用高温消毒或施用石灰，或喷施甲醛溶液等都能钝化土壤中的病毒。

(3)培育壮苗 利用营养钵育苗，可减轻移栽取苗时伤根；苗床用防虫网，防止蚜虫、白粉虱等传毒媒介昆虫进入。棚室内增施有机肥和钾肥，培肥地力，可增强植株对病害的抗性。高温、干旱、强光照容易引发病毒病的发生，所以，棚室内夏季栽培黄瓜时，要注意遮荫、降温、勤浇水，改善田间小气候。

(4)生态防治 提倡应用防虫网，黄板诱杀白粉虱、蚜虫，及时有效地防治白粉虱、蚜虫，防止传毒。

(5)农业措施 通过肥水供应和温湿度的调节，控制病害的发生。一是避免干旱，始终保持土壤的湿润。二是合理使用肥水，避免形成小老苗和高脚弱苗。三是适当覆盖遮阳网，避免强光照和气温过高。四是整枝、打杈前后，用肥皂或来苏儿洗净手，尽量不用手接触伤口。五是禁止抽烟者进行田间整枝操作。六是发现已感染的病株及时拔除，并在棚外深埋。

(6)及时治虫 对蚜虫和白粉虱的防治，可用80%的敌敌畏乳油熏蒸或喷雾，也可用多数菊酯类农药进行喷雾防治。

(7)接种疫苗 采用弱病毒疫苗N14和卫星病毒S52接种幼苗，可提高植株免疫力；用83-1增抗剂100倍液，定植前后各喷1次，既防病，又增产。

(8)药剂防治 对于黄瓜的病毒病，目前还没有有效的药剂进行杀灭，只能加强药物预防。注意从苗期开始喷洒2%宁南霉素水剂500倍液，或20%吗啉胍乙酸铜可湿性粉剂300倍液，或病毒A、病毒克及病毒K等药剂。如果病毒病已经发生，可以在施用防治病毒病药剂的同时，加入细胞分裂素以及营养型叶面肥，如增万金、海天力等综合使用，以便增强植株的抗病性。

71. 黄瓜根结线虫病的发生情况怎样？如何防治？

(1)发生　根结线虫寄主范围广，除了不危害大蒜、大葱、韭菜以外，其他如瓜类、茄果类、豆类和大部分叶菜类等蔬菜均受危害。根结线虫属线虫类，幼虫细长，无色透明，成虫雌雄异形，雄成虫线状，雌成虫鸭梨状。根结线虫的生活史比较简单，1 个成熟的雌虫，1 次可产卵 1 500～3 000 粒。从卵到卵的一代生活史，时间长短不一，一般在七八天到数周之间。从卵发育成幼虫，经 4 次蜕皮，最后变成成虫。根结线虫产卵后，卵在卵壳内发育成 1 龄幼虫，并在卵壳内蜕皮 1 次，孵化后为 2 龄幼虫，2 龄幼虫在土壤中生活，通常从根尖侵入根内，并在根内定居和生长，再经两次蜕皮变成 4 龄幼虫，在第四次蜕皮前，雄幼虫变为细长形，雌幼虫膨大为长梨形，最后一次蜕皮后，分别成为雌、雄成虫。雄虫离开根在土壤中活动，雌虫留在根内，可交配（有性生殖）或不交配（孤雌生殖）产卵生殖，卵产在胶质的卵囊内。完成上述生活周期需 1 个月左右，因此，在棚室栽培条件下，每年可完成 5～10 代。在日光温室中，根结线虫以卵和幼虫越冬。线虫在根内其分泌物刺激根部皮层膨大，形成明显的根瘤或根结。由于根部受害，水分和养分的输送受阻，植株出现矮化、黄化，重者死株。线虫对蔬菜植株的为害：一是直接的机械损伤，破坏植株表皮细胞；二是以吻针刺伤植株表皮分泌唾液，破坏细胞的正常代谢功能而产生病变。可对地上部和地下部进行病株诊断。

(2)危害症状　①地上部症状。轻病株症状一般不明显。病情较重的地上部植株表现为营养不良、植株矮小、生育迟缓、色泽失常以及叶片变小、变黄，似缺肥症状；植株不结实或结实不良，如遇干旱则中午萎蔫，早晚能恢复。②地下部症状。一般在侧根和须根上形成很多大小不等的瘤状根结，根结多生于根的中间，最初为白色，后变为褐色，表面粗糙，有时会开裂。根结线虫与豆科蔬菜的根瘤有明显区别，根瘤的瘤状突起明显多生于主、侧根的一旁，表面光滑，多为圆形或近圆形，用手捏坚实，剥开后可见粉红色或绿色菌液；而线虫瘤则手捏松软，奇形怪状，破碎后，多呈麻团状松散纤维，呈白色或暗铅白色。

(3)传播途径 线虫以卵和 2 龄幼虫随病残体在土壤中越冬，本身活动范围很小，一年内最大的移动范围也只有 1 米左右，所以，靠自行迁移而传播的能力是有限的。因此，线虫远距离的移动和传播，主要是靠病土、病苗、浇水、耕种机具（如旋耕机相互使用）、运输、农事操作以及人的各项活动（如人相互串棚）等人为传播。再加之棚室内适宜的温、湿度条件为线虫生长繁殖创造了有利条件，如连年重茬、单一种植，对线虫病残体处理不彻底，致使线虫的数量急剧增多，造成了线虫病的日趋严重。

(4)发病条件 根结线虫是好气性的，喜欢干燥、疏松的沙质壤土，潮湿、黏土地、板结土壤和盐碱地发生轻。根结线虫生活最适宜的土壤温度为 25℃～30℃，空气相对湿度为 40%～70%；高于 40℃或低于 5℃很少活动，温度 55℃经 10 分钟致死。线虫在一年中有两次发生高峰：一是 4～5 月份，二是9～10 月份。夏季高温和冬季低温发生较轻。线虫分布在表土以下 20 厘米深处，其中以 5～10 厘米内的土层中最多，因表土 1～5 厘米处过于干燥，深 20 厘米以下透气性差，均不适宜其生活。

(5)防治方法 根结线虫不能彻底消灭，应该根据实际种植情况，做到早发现、早治疗，利用不同的综合防治措施进行防治，特别是要综合利用农业、物理措施，与化学防治相结合，降低投入成本，增强防治效果。

一是农业防治。①轮作换茬。在线虫病发生严重的棚室，可将芹菜、黄瓜和番茄等高感蔬菜与大葱、大蒜、韭菜与辣椒等抗(耐)病蔬菜轮作。目前，日本防治线虫的方法之一，就是在发病田块与对线虫免疫或高抗的万寿菊实行轮作，收到了很好的效果。另外，还可种植速生叶菜诱集线虫，收获时，将根内的线虫带出土壤，可有效减轻对下茬作物的危害。最好水旱轮作。②切断传播途径，培育无病壮苗。保护地管理应采取换鞋制度，尽量不要相互串棚。使用旋耕机时，要严格消毒；注意选用抗病品种，采用抗性砧木嫁接，这是比较简捷易行且有效的方法；在使用种子、种苗时应检查是否带有线虫，千万不要人为地将病原线虫带到无线虫的地块里，选择无病土或消毒土育苗，培育无病苗，减轻病害的发生；推广营养钵、穴盘育苗。③彻底清除病残体，集中处理。前茬作物收获后，一定要彻底清洁田园，集中烧毁或深埋病残体，切忌病根沤肥或用病土垫圈沤肥。④保护地换土。针对线虫主要集中在土表以下 0～35 厘米的特性，将保护地 0～35 厘米的土层换成无根结线虫的土壤层，有较好的效果。育苗时，应选用无病床土，然后再用药剂处理床土，可用 2%阿维菌素 5 毫升/平方米，稀释为 1 500 倍液，喷洒于苗床。

二是物理防治。①水淹杀虫。对重病田灌水 10～15 厘米深，保持 1～3 个月，使线虫缺氧窒息而死，可有效抑制线虫的侵染和繁殖。②高温杀虫。前茬作物收获后深翻菜地，利用七八月份的高温，用塑料薄膜平铺地面压实保持 10～15 天，使土壤 10 厘米深处地温达 30℃～40℃，可有效杀灭各种虫态的线虫。

三是化学防治。对于那些能够采用嫁接栽培防治根结线虫的蔬菜,应尽量采用嫁接栽培。定植前,对土壤进行药剂处理。在化学药剂的选择过程中,应该选择施用高效、低毒、无残留农药,尽快实现蔬菜种植的标准化。严禁施用高毒、高残留农药,大力推广生物药剂或太阳能消毒法。

(6)下面介绍几种生物药剂和太阳能石灰氮消毒法

①太阳能石灰氮消毒法。参阅第 59 问。②10%福气多(噻唑磷)。每 667 平方米用福气多 1.5～2 千克,与适量细土或细沙混匀后,以穴施、撒施、沟施均可。它能有效阻止线虫侵入植物体内,并杀死侵入植物体内的线虫,同时对地上部的蚜虫、飞虱等多种害虫具有防除效果。③沃尔沃。是一种触杀及内吸性杀线剂,被蔬菜吸收后,能转移到植株的各部分,并在植株内上下传导。能防治外寄生性、内寄生性、孢囊和根结性等线虫,可采用穴施、沟施、撒施、冲施和灌根等方法,每 667 平方米用量 2～4 千克,施药后保持土壤水分,有利于颗粒剂中的有效成分释放和转移到根部。④丰根。具有触杀和内吸作用,药剂能从根部进入植物体内,水溶性好,且易分散在作物根部周围,对作物提供了双重的保护作用。在作物体内残留量极少,不随土壤类型和气候条件的变化而变化,使用数月后仍有效,还能防治其他地下害虫及蚜虫、蓟马、螨虫等,对作物有刺激生长作用且能增产。可穴施或沟施,预防时,每 667 平方米施 2～3 千克,治疗时 5 千克。⑤垄鑫。参阅第 59 问。⑥线克(威百亩)。参阅第 59 问。⑦线除。是治疗各种线虫病的高效乳油产品,具有极高的内吸性。将线除灌入根部后 24 小时即可被作物吸收,8 天左右根瘤开始变黄腐烂,并从根瘤附近产生大量新根,对线虫成虫具有毁灭作用;线虫

严重时，按 500 倍液对水灌根。⑧阿维菌素。用 2%阿维菌素 5 毫升/平方米(合每 667 平方米用量 3 300 毫升)1 500 倍液，喷洒地面，再深翻地，整平播种。定植后若有线虫，可用 2%阿维菌素 1 500 倍液灌根，每株灌药液 250～500 克。隔 10～15 天 1 次，连灌 3 次。⑨5%淡紫拟青霉菌2 000～2 500 倍液，每株灌液 250 毫升左右，灌 1 次。

72. 保护地黄瓜上有哪些主要虫害？如何防治？

(1)美洲斑潜蝇 属双翅目，潜蝇科。是 1993 年才传入我国的一种国际性检疫害虫。

【为害症状】 成、幼虫均可为害，雌成虫飞翔为害，把植物叶片刺伤，进行取食和产卵，幼虫潜入叶片和叶柄为害，产生不规则蛇形白色虫道，俗称“鬼画符”。

【防治方法】 ①用灭蝇纸诱杀成虫。在成虫始盛期至盛末期，每 667 平方米设置 15 个诱杀点，每个点放置 1 张诱蝇纸诱杀成虫，3～4 天更换 1 次。②药剂防治。在受害作物某叶片有幼虫 5 头时，掌握在幼虫 2 龄前(虫很小时)，喷洒 1.8%爱福丁乳油 3 000 倍液，或 48%乐斯本乳油 1 000 倍液。提倡施用 10%绿菜宝乳油 1 000 倍液，或 20%康福多浓可溶剂4 000倍液，或 1.5%阿巴丁乳油 3 000 倍液。

(2)蚜　虫

【为害症状】 蚜虫隐藏在叶片背面、嫩茎及生长点周围，以刺吸式口器吸食作物汁液，使叶片卷缩，叶绿素消褪，使黄瓜品质、产量下降；蚜虫还是黄瓜病毒病的传播介体，应及时防治。蚜虫对黄色有趋向性，对银灰色有忌避性。

【防治方法】 ①使用银灰色地膜栽培或悬挂，有驱避蚜虫的作用，或采用涂有粘着剂的黄板诱杀蚜虫。②用草蛉、瓢虫等天敌捕杀蚜虫，这是克服蚜虫抗药性和避免环境污染最有效的措施。③蚜虫点片发生时，用80%敌敌畏乳油200毫升对水4升并拌细沙20千克，均匀撒施在黄瓜地里熏蒸，或2.5%敌杀死，或20%速灭杀丁乳油2 000倍液喷雾。虫口密度大时，用敌敌畏800倍液喷雾杀灭。

(3)温室白粉虱 俗称小白蛾子，属同翅目，粉虱科。

【为害症状】 成虫和若虫吸食植物汁液，被害叶片褪绿、变黄、萎蔫，甚至全株枯死。分泌大量蜜液，严重污染叶片和果实，往往引起煤污病的大发生。

【防治方法】 ①农业防治。提倡温室第一茬种植白粉虱不喜食的芹菜、蒜黄等较耐低温的作物；温室要尽量彻底清除前茬作物的残株、杂草，并拿到室外处理，随后对温室进行熏蒸灭虫，力争做到定植温室"干净"，通风口封纱阻虫；生产期间打下的枝杈、枯黄老叶，应带出室外处理。对无白粉虱的温室要加强保护。②药剂防治。可用10%扑虱灵乳油1 000倍液，对白粉虱有特效。或用25%灭螨猛乳油1 000倍液，对白粉虱成虫、卵和若虫皆有效。也可用20%康福多浓可溶剂4 000倍液，或10%大功臣(一遍净)每667平方米用有效成分2克，或天王星2.5%乳油3 000倍液，或功夫2.5%乳油5 000倍液，或灭扫利20%乳油2 000倍液，连续施用，可杀成虫、若虫、假蛹。

(4)蓟马 有黄蓟马(又名瓜蓟马、瓜亮蓟马)、烟蓟马(又名葱蓟马、棉蓟马)和棕榈蓟马(又名棕黄蓟马)等，均属缨翅目，蓟马科。

【为害症状】 成虫、若虫锉吸瓜类植株的心叶、嫩芽、幼果的汁液，使被害植株嫩芽、嫩叶卷缩，心叶不能张开。瓜类植株生长点被害后，常失去光泽，皱缩变黑，不能再抽蔓，甚至死苗。幼瓜受害出现畸形，表面常留有黑褐色疙瘩，瓜形萎缩，严重时造成落果。成瓜受害后，瓜皮粗糙有斑痕，极少茸毛，或带有褐色波纹，或整个瓜皮布满“锈皮”，呈畸形。

【防治方法】 ①农业防治。清除杂草，加强水肥管理，使植株生长旺盛，可减轻为害。②药剂防治。在蓟马发生时期及时施药，常用药剂有20%康福多浓可溶剂4000倍液，5%锐劲特悬浮剂2500倍液，20%叶蝉散乳油500倍液，40%乙酰甲胺磷乳油1000倍液，50%辛硫磷乳油1000倍液，50%巴丹可湿性粉剂1000倍液，20%高卫士可湿性粉剂1500倍液等。

(5)红蜘蛛 为害黄瓜的红蜘蛛主要是棉红蜘蛛。

【为害症状】 主要以成虫和若虫集中在瓜叶背面刺吸汁液。受害初期，叶面出现黄白色小斑点，以后变成红色斑点，为害严重时，叶片正背两面和茎蔓间均布满丝网，严重影响叶片的光合作用和植物的生理功能，叶片很快枯黄，后期植株枯死。气温高及空气干燥，有利于红蜘蛛的发生和流行，红蜘蛛靠爬行、风吹和流水等方式传播蔓延。

【防治方法】 发现植株受害，应及时用药剂防治。可用克螨特乳油1000倍液，或达螨灵700倍液喷杀。

五、日光温室黄瓜生理障碍防治

73. 越冬黄瓜化瓜的原因是什么？怎样防治？

刚坐下的瓜纽或果实在膨大时，中途停止生长，由瓜尖至全瓜逐渐变黄、干瘪，最后干枯，俗称为化瓜。黄瓜出现少量化瓜(约占 1/3)是植株自我调节的正常现象，但大量化瓜则属异常。棚室越冬茬黄瓜的生长期比较长，要经过一个寒冷的冬季，常常会因为管理不当和气候条件不适宜等原因造成植株生长不良，引起化瓜。严重时，甚至半数以上瓜纽发生化瓜，给生产造成很大的损失，影响了菜农的经济效益。

(1)发生原因 主要是植株供应养分不足所致。①弱光照和较短的光照时间。黄瓜是瓜类作物中比较耐弱光的，光饱和点和光补偿点分别为 5.5 万～6.6 万勒和 0.2 万～0.3 万勒，冬季棚室黄瓜栽培中，棚室内的光照强度一般仅为自然光照的一半或一半略高。如果保护地内进光量不足自然光照的 1/4 时，黄瓜植株生育不良，往往引起化瓜。黄瓜的光合能力与受光照的时间和天气有很大关系，在一天之内，上午的同化量占全天的 65%～70%，连阴天对黄瓜的生长极为不利，其同化量不及晴天的一半。成株阶段，若遇连续阴雨或阴雪天气，植物的光合作用和根系吸收能力受影响，植株很少或不能将营养向营养生长器官和生殖生长器官输送供应，植株会软弱多病，易化瓜。②低温或高温。黄瓜生育的界限温度为 10℃～32℃，光合作用最适宜的温度为 24℃～32℃。当冬季棚内温度低于 10℃～12℃，其生理活动失调，生育缓慢或停止生育，持续低温即引起化瓜；当白天气温高于 32℃，夜间高于18℃时，正常光合作用受阻，呼吸作用骤增，营养生长易过旺，植株易徒长，叶片提前老化，造成果实发育不良，引起化瓜。同时高温条件下，雌花发育不正常，出现多种形状的畸形瓜。③浇水施肥不当。光合作用离不开水，同化物质的运转也是以水为介质进行的。如果水肥供应不足，光合产物减少，可能引起化瓜。若不进行科学施肥，氮过多，就会造成营养生长过旺，消耗大量养分，也引起化瓜。在结果初期，棚内高温干旱，尤其是土壤干旱时，由于肥料过多及水分不足而伤根；或浇水过多，土壤湿度大，但地温和气温偏低而发生沤根；或根吸收能力减弱，都会出现化瓜。④棚内二氧化碳浓度低。棚室内夜间二氧化碳的浓度可高达500毫克/千克，而日出2小时后，植株吸收二氧化碳，使棚室内夜间二氧化碳浓度降到100毫克/千克，这样就影响黄瓜植株制造养分，会因营养不足而引起化瓜。⑤各项管理措施不当。如苗期温湿度、肥水控制管理不科学，育出的苗“花打顶”，结果期管理不善，雌花分化过多；黄瓜栽培密度过大，植株竞争吸收养分，造成营养不足；激素浓度过大，配比不科学，坐瓜太多；以及病虫害发生严重时，明显阻碍了植株产生养分供应瓜条等诸多因素，都会引起化瓜。

(2)针对引起黄瓜化瓜的原因，采取相应的策略来加以预防

一是提高棚室的采光性能，延长棚室的采光时间。合理增加采光棚面的棚面角度，提高采光率，同时，尽可能采用EVA无滴、防尘和长寿膜覆盖棚室，并在棚内后墙上张挂镀铝反光幕，增加反光照，尽可能增加光照强度；及时擦除棚膜外的杂草、尘土等，增加棚膜的透光性；保护地配备卷帘机，缩短拉草帘和盖草帘用的时间，以及在外界环境条件允许的情况下，尽可能早揭晚盖草帘，以便延长棚室的采光时间。

二是增加贮热御寒保温设施，提高棚温。保护地的墙体厚度，凡小于当地最大冻土层的厚度，再加 50 厘米厚度的在其墙外侧面应贴补草泥，或在墙外埋设风障等。对后坡保温层较薄的保护地设施，其厚度不足当地最大冻土层厚度2/3的后坡层，可于后坡通过加盖干草、土、塑料薄膜来增加到应有的厚度，凡棚室前脚外未设防寒沟的，要补设防寒沟。在遇阴、雨、雪、寒流特别寒冷天气时，对棚室前坡面的保温，应在草帘、薄膜等保温物的外面再加盖一层浮膜。另外，冬季可在棚内大垄沟内覆盖一层 20 厘米厚左右的麦穰或麦糠。通过采取提温保温的措施，使棚内白天气温控制在 24℃～28℃，夜间在 14℃～18℃，凌晨短时最低气温 10℃左右，昼夜温差 8℃～10℃。

三是适时、合理地进行浇水和施肥。越冬茬黄瓜基肥一定要施足有机肥，从定植缓苗后，进入根瓜生长阶段，应以蹲苗促根为主，此期不仅长根而且长茎、叶，同时又进行花芽分化，在管理上除了给予适宜的温度、充足的光照，还要适当控制水分，降低夜温，积累养分，为整个生长期打基础。根瓜水不要浇得过早，当植株有 80%以上根瓜坐住时才能浇水，如果浇水过早，会引起植株徒长，出现化瓜现象；如果缓苗水不足，在根瓜没坐住前就出现了缺水现象，此时只能浇小水，不可大水漫灌；否则，会导致植株徒长，引起大量化瓜。

进入结果期后，应掌握“前轻、中重，三看、五浇五不浇”的肥水供应原则。

所谓前轻、中重，是在第一次摘收黄瓜之后浇水时，开始随水冲施肥料，浇水间隔期 10～15 天，隔 1 次浇水冲施 1 次肥料，每次每 667 平方米可冲施肥力无限等 5～6 千克；当进入产瓜盛期，7～8 天浇 1 次水，每次每 667 平方米可冲施氮磷钾复合肥 8～10 千克，并喷施海天力、绿菌素等叶面肥。还应在每个晴天的上午 9 时至 11 时 30 分，进行二氧化碳气体施肥。

所谓三看、五浇五不浇，是指通过看天气预报，看土壤墒情，看黄瓜植株长势来确定浇水的具体适宜时间，并且在浇水时，要做到“晴天浇水，阴天不浇；晴天上午浇水，下午不浇；浇温水，不浇冷水；于地膜下沟里浇暗水，不在膜上沟里浇明水；缓流水洇浇，不急流水漫浇”。

四是在保护地内增施二氧化碳，促进同化作用。及时采收下部瓜，以免与上部瓜争夺养分；及时喷施叶面肥，可选用海天力、硫酸亚铁与磷酸二氢钾等，增产明显；控制夜间温度不要过高，以减少呼吸消耗；正确选用激素，合理使用激素浓度，用 50～100 毫克/千克赤霉素，加 40 毫克/千克萘乙酸，二者混用效果好；可用配好的液体用毛笔顺瓜涂抹或点涂雌瓜，用手持喷雾器喷瓜，均能减少、减轻化瓜，且瓜条膨大速度快，增产显著。

74. 黄瓜遭受低温冷害冻害有哪些症状？如何预防和补救？

棚室黄瓜在越冬或早春栽培过程中，经常受到低温的影响，当黄瓜遇到低于其生育适温的连续低温时，就会产生生理障碍，延长黄瓜的生育期，并造成不同程度的减产，严重时发展成冻害。

黄瓜遭受低温冷害后，其受害症状主要通过叶片表现出来，但要注意同侵染性病害的区分。叶片受害分为低温冷害和冻害：

(1)黄瓜长期处于最低温度以下时叶片受冷害的异常症状 长期处于最低界限温度以下的植株,叶片遭受低温冷害后,往往会表现出一些异常症状:①叶尖下垂,出现枫树叶。夜温15℃以上时,叶片呈水平状展开。在15℃以下时,叶尖下垂,周缘起皱纹。低温下发育的叶子缺刻深,叶身长,像枫树叶状。②虎斑叶。低温下叶面呈现虎斑状,即主脉间叶肉褪绿变黄。瓜条膨大受到抑制。这是由于光合作用制造的糖类(碳水化合物)不能及时地向外部运转而在叶内沉积下来所造成的,严重时,整个叶片会随之黄化。如果温度回升且能维持一段时间,糖类能够顺利充分地转换时,瓜条便可顺利膨大,叶片也能慢慢恢复正常。③水浸症。受低温危害严重且持续时间长,温室湿度大又较少通风时,叶背面会出现水浸症。水浸症是由于夜间气温低,尤其在地温尚高时,细胞里的水分流到了细胞间隙中而引起的。植株长势好时,水浸状可在太阳出来后消失。但若植株衰弱或完全衰弱时,白天温度升高后,水浸状也不消失,这样几经反复,细胞死亡,叶子枯死。④龙头呈开花状。生长发育和温度正常时,从侧面看龙头呈棉花蕾状,两片嫩叶围着顶芽。但若夜温低、地温低(肥料不足或受病虫危害)时,龙头呈开花状,即两片围着顶芽的嫩叶展开,顶芽伸出。龙头呈开花状时,开花节位距顶端仅20～30厘米,有时开花好像在顶端。⑤出现缺硼或缺镁症。夜温降到生物学零度以下时,由于植株体素质变弱,或因为连年种植,过多施用化肥或有机肥少,地力下降等,使根对硼的吸收力下降,引起缺硼症。其主要症状是生长点生长停止。多铵、多钾、多钙、多磷可阻碍植株对镁的吸收,而温度低则可助长缺镁症状的发生。缺镁时,叶脉间叶肉完全褪绿、黄化或白化,与叶脉保存的绿色呈鲜明对比。⑥上部叶片焦边。连阴雾天时间长，地温下降剧烈，若土壤水分过大时，植株发生沤根现象。沤根后发生的新叶会出现焦边，高湿下叶边也要腐烂。出现这种情况时，若骤晴后处理不当，又会造成闪死苗的现象。

(2)黄瓜叶片受冻害时的症状 黄瓜叶片受到冻害时，表现的症状为：叶片受到轻微冻害时，子叶期表现为叶缘失绿，有镶白边的现象，温度恢复后，不会影响以后真叶的生长；定植后受到冻害时，植株部分叶片的叶缘呈暗绿色，逐渐干枯，这种情况在冬季或早春温室棚膜上的破洞未能及时修补，冷风由此入侵时，也容易发生。温室中成长的植株，如果棚膜突然被大风吹毁，寒风突然侵入，会发现叶片上立即出现镀铝样的银白色，叶片也随之凋萎，而且无挽救的希望。

(3)预防措施 菜农可以在寒流来临之前，喷施72%农用链霉素可湿性粉剂4 000倍液，或27%高脂膜乳剂80～100倍液，或植物抗寒剂100～200毫升/667平方米等，均有一定的预防作用。

(4)补救措施

一是逐步对棚室进行提温增光。持续阴雨雪天后，一旦放晴，揭开草帘后，温度会很快升高，黄瓜叶片蒸腾量突然增大；而此时地温低，根系活动能力还很弱，甚至有的根系还因地温低而受到了伤害，因此，根系吸收水分的能力很弱，叶片水分得不到及时补充，很快就会出现萎蔫。如果不及时采取措施，黄瓜叶片会由暂时萎蔫发展为永久性萎蔫，最终导致枯死。所以，持续阴天后暴晴，要拉放“花帘”，采取缓慢升温措施，发现有萎蔫的就放草帘，经过几次反复，直到秧苗不再萎蔫后，再逐渐拉开草帘，最后全部拉开；第二天还要注意观察，如仍有萎蔫现象，还应从头做起，一般3～4天后，才能真正恢复正常。此过程就是要使黄瓜的生理功能慢慢恢复，切忌操之过急。

连续阴雨雪天暴晴后，对光照的管理也同温度一样，也是需要循序渐进地增加光照。开始通过揭花帘，让植株逐渐适应强光照，待植株进入正常生长时，再采取增光补光措施，增强植株的光合作用，提高植株的光合速率，达到增产高产的目的。可采取的方法有：及时清擦薄膜上的尘土、杂草等，提高棚膜的透光率；在后墙上张挂镀铝反光幕，增加反光照；调整植株结构，及时摘除老叶、黄叶、病叶，改善植株间的通风透光条件；在温度允许的情况下，尽量采取早揭晚盖草帘的方法，使黄瓜植株多见光。

另外，一些提温措施在种植前就要做好，比如，选用透光性好的无滴膜，起高垄地膜覆盖栽培，设置防寒沟以及在大垄沟间加盖防寒草等，这些措施的应用，不仅提高了棚温，也同时提高了地温，对确保黄瓜安全越冬有很重要的作用。

二是循序渐进地浇水施肥。经过持续低温冻害后的黄瓜，在天气暴晴后，容易发生萎蔫现象，此时菜农就认为是土壤缺水所致，急于通过浇水缓解，这种做法是错误的，而且还会因为地温低，土壤湿度大而引起沤根，使植株萎蔫现象更加严重。正确的做法是：先检查土壤是否干旱缺水，可在地面下挖取土壤攥在手里紧握不成团，轻抛在地上土团不散开说明不缺水只是短时萎蔫，可叶面喷施支农叶花果露、爱农植物生长调节剂和核苷酸等叶面肥进行缓解；如土壤在手里握不成团或土团轻抛在地上散开，说明土壤确实干旱缺水，可先往叶片上喷洒温水或海藻素类叶肥缓解，并选晴天上午浇小水，并适当施入部分生根类药剂，以促发生新根。

三是及时地进行病虫害防治。黄瓜植株经过连续阴雨雪天气的低温、弱光照后，抗病性降低；同时低温、高湿的条件也易引起病害，如霜霉病、晚疫病、灰霉病、根腐病以及细菌性角斑病等的发生流行，所以，应当注意及时地进行病害防治。在缓慢提高棚温、增加光照的前提下，可灌用多菌灵、福美双与生根剂，既可防病治病，又能促发新根；同时可叶面喷洒普力克、阿米西达等药剂，还可选用粉尘剂、烟雾剂，以降低棚内湿度并防治病虫害。

75. 黄瓜花打顶是什么原因？如何防治？

(1)症状 “花打顶”是指黄瓜植株生长点处节间呈短缩状，出现茎端密生小瓜纽，而不见生长点伸出，上部叶片小而密集，生长停滞造成封顶。

(2)发病原因 ①土壤干旱缺水，蹲苗过狠，使水肥供应不足，导致植株生长停滞。②温度偏低，使白天制造的营养物质夜间向生长点处输送量不足，使植株营养生长受抑制。③土温偏低，黄瓜根系发育差，不能充分吸收土壤中营养进行光合作用，也易产生花打顶。④施肥过多，伤根严重。⑤应用生长激素药类浓度过大，或药害，或栽培季节不适宜。

(3)防治措施 ①防止土壤缺水，保持土壤湿润。②防止日光温室温度过低，尤其夜温不要低于 13℃，要保持 18℃～15℃，白天 28℃～30℃。③施肥要适量，追肥也不要超标，避免烧根、伤根。④带有激素类的药物不用或少用。若需要生长激素处理时(乙烯利、矮壮素)严格掌握好适宜浓度，喷时不要过量。⑤采用 5 毫克/千克萘乙酸水溶液和爱多收 3 000倍液混合灌根，刺激新根尽快发生。⑥摘除植株上可以见到的全部大小瓜纽，以减轻植株结瓜的负担。

76. 保护地黄瓜种植过程中会出现哪些气害？如何防治？

保护地黄瓜生产中，棚室内透气性差，尤其是在冬春季节，由于气温偏低，通风时间比较短，通风口比较小，这些情况都会影响保护地内进行正常的气体交换，导致有害气体在棚内积聚，使得黄瓜常常受到多种有害气体的侵害，从而使黄瓜出现多种病态，造成黄瓜发生叶枯，严重时导致植株死亡，给菜农造成很大的损失，必须加以有效的防治。最常发生而且危害又重的是氨气害和亚硝酸气害，偶尔也会发生二氧化硫气危害和棚膜挥发有毒气体危害。

氨气害和亚硝酸气害的区别是：氨气害受害部位变褐色，而亚硝酸气害受害部位变白色。

(1) 氨 气 害

【症　状】　受害植株中部的叶片首先表现症状，后逐渐向上、向下扩展，受害叶片的叶缘、叶脉间出现水浸状斑点，严重时呈水烫状大型斑块，而后叶肉组织白化、变褐，2～3 天后受害部干枯，病健部界限明显。叶背面受害处有下凹状。受到过量氨气危害的黄瓜，突然揭去覆盖物时，则会出现大片或全部植株如同遭受酷霜或强寒流侵袭的样子，植株最终变为黄白色。

【发生原因】　保护地内氨气大量发生并迅速积累，通常是由施肥不当直接造成的。施入易挥发氮肥，如氨水、碳酸氢铵，或一次性施入过多尿素、硫酸铵、硝酸铵，施后没有及时盖土或灌水，都会释放出氨气。另外，施入有机肥过多或有机肥没有腐熟时，也会释放出大量氨气。如果保护地内空气中氨气的含量达到 4.5～5.5 毫克/立方米时，就会对黄瓜产生危害，出现水浸状斑点。随着氨气浓度的增加，植株叶片继续褐变枯死。如果不能及时地排除，就有可能造成氨气毒害。

【防治措施】 第一，科学合理地进行施肥。避免偏施氮肥，不在保护地的地表施用可以直接或间接产生氨气的肥料；施用有机肥做基肥的，一定要充分腐熟后施用；化肥和有机肥要深施；肥料追施要少量多次；适墒施肥，或施后灌水，使肥料能及时分解释放。第二，经常注意检查是否有氨气产生。操作人员在进入保护地时，首先要注意室内的气味，以便及时发现。当嗅出有氨味时，立即用 pH 试纸蘸取棚膜上的水滴进行测试，然后与比色卡比色，读出 pH 值。正常情况下，pH 为 7～7.2。当 pH 达到 8 以上时，可认为有氨气的发生和积累，必须及时通风排气，否则容易发生氨中毒现象。也可以用舌尖舔一下试纸，如果有滑溜溜的感觉，则可认为有氨气积累。如果发现保护地内氨气含量过高，可在保护地内洒些水，以吸收氨气和亚硝酸气体，减轻其危害。第三，及时抢救。当棚内蔬菜已出现氨气中毒症状时，除通风排气外，一要快速灌水，降低土壤肥料溶液浓度；二要根外喷施惠满丰、高美施等活性液肥，浓度为 1∶500 倍液，能较好地平衡植株体内和土壤的酸碱度；三可在植株叶片背面喷施 1%食用醋，可以减轻和缓解危害。在植株受害尚未枯死时，去掉受害叶，保留尚绿的叶，通风排除有害气体后，加强肥水管理，逐渐恢复生长。

(2)二氧化氮气害

【症　状】 主要危害叶肉，它是从叶片气孔侵入叶肉组织的，先侵入的气孔部分成为漂白斑点状；严重时，除叶脉外，叶肉全部漂白致死。中位叶首先发生，后逐渐扩展至上、下部叶片。受危害的部分与健康部分的界限比较分明，从叶背看受害部分呈下凹状。

【发生原因】 二氧化氮的产生，是由于土壤中施入过量的氮肥。一般情况下，施入土壤中的氮肥，都要经过有机态—铵态—亚硝酸态—硝酸态，最后的硝酸态氮供作物吸收利用。但如果土壤是强酸性或施肥量大，氮肥分解的过程就会在中途受阻，使得亚硝酸不能顺利转化为硝酸而在土壤中大量积累，在土壤强酸性条件下，亚硝酸变得不稳定而发生气化，产生亚硝酸气释放于空气中；当空气中二氧化氮浓度达到 2 毫克/立方米时，就会有毒害产生。

发生二氧化氮气害还有一个重要条件，就是必须有经过在强酸、高盐浓度条件下驯化了的土壤微生物（反硝化细菌）的大量存在，在这一前提下，土壤高度酸化和铵的积累，才能发生二氧化氮气体的挥发。由于连作棚室的土壤里存在着大量的反硝化细菌，所以，二氧化氮气害多发生在老的棚室里。

【防治措施】 第一，实施配方施肥技术，特别注意不要一次施用过量氮肥。第二，一旦发生亚硝酸气害，要注意通风及时加以排除。第三，叶面喷施 1 000 倍液的小苏打，可以减轻危害，并有向棚室内释放二氧化碳的作用。

(3)二氧化硫危害

【症　状】 当棚室中二氧化硫的浓度达到 0.5～10 毫克/立方米时，就会对黄瓜造成危害。二氧化硫气体首先由气孔进入叶片，然后溶解浸润到细胞壁的水分中，使叶肉组织失去膨压而萎蔫，产生水浸状斑，最后变成白色，在叶片上出现界限分明的点状或块状坏死斑。严重时，斑点可连接成片。受害较轻时，斑点主要发生在气孔较多的叶背面。

【发生原因】 二氧化硫的产生多是由于在棚室黄瓜生长期间错误的用硫黄粉熏蒸消毒而造成，或者含有硫化物的烟气进入棚室中所致。

【防治措施】 遭受二氧化硫危害后应及时喷洒碳酸钡、石灰水、石硫合剂或0.5%合成洗涤剂溶液。需要生火补温时,要严防烟气泄漏到棚室内,一旦感到有烟味,就应立即开窗换气,并适当浇水、追肥,以减轻危害。建造温室应避开大量燃煤的工厂区。

(4)棚膜挥发有毒气体危害

【症 状】 有些塑料薄膜在使用过程中,会产生一些挥发性物质,如乙烯、氯气及邻苯二甲酸二异丁酯等,它们均能通过黄瓜叶片上的气孔或水孔进入叶内组织,破坏组织细胞及叶绿体,使光合作用明显减弱,造成黄瓜植株生长缓慢,甚至停止,使叶片变黄、垂萎 ,最后枯死,严重影响黄瓜的产量和品质。

【发生原因】 塑料薄膜在使用的过程中,会产生一些挥发性物质——有毒气体。

【防治措施】 选用无毒塑料薄膜。不用掺入较多增塑剂的塑料薄膜做棚膜。如果发生气体危害问题,应立刻妥善处理,如叶面喷洒金回报及绿力神或含有甲壳素成分的叶面肥等,效果不错。另外,要注意在冬季及时通风,建议一天三通风,可有效地减少气害所带来的影响。

此外,在保护地内燃用烟雾剂类农药过量时,也会对黄瓜造成危害,所以,燃用烟雾剂类农药时,一定要按照使用说明进行燃放。

77. 保护地黄瓜容易发生哪些药害?怎样防治?

(1)症状 施用农药后,黄瓜的正常生理功能或生长发育遇到阻碍、细胞或组织受到破坏,而表现出来的异常现象称之为药害。不同类型的农药造成的药害,其表现症状也各不相同，需要具体识别清楚，才能找到解救的具体措施。

一是急性药害。黄瓜在用药后，短时间内就会出现明显的异常现象，有的2～3小时，有的1～3天，症状发展速度快，危害严重。一般表现为：叶片烧伤、变黄或褪色甚至脱落，以及落花落果等。①烧叶。最常见的是叶脉间变色和叶缘尤其是滴药水处变白或变褐色，叶表受到较轻药害时，失去光泽。受害叶片的特点：一般是中部叶及功能叶严重，嫩叶及上部叶片变色比下部严重。②叶变色或脱落。植株根部受药害、肥害及大水闷根时，心叶、小叶变成黄色或褐色。对药物敏感则大叶变黄，如黄瓜上用辛硫磷会引发叶黄、叶脱落。

二是慢性药害。用药后，一般经过较长的时间才表现出症状，发展速度较慢，危害也相对较轻。一般表现为生长缓慢、落花落果和果实晚熟等现象。①抑制生长。在用药浓度偏高时，容易造成生长受抑制现象的发生。如黑星丹、福星等用药浓度偏高能使黄瓜茎尖停止生长，形成花打顶；特普唑等很多三唑类药物也会使黄瓜顶部叶片生长缓慢、叶小果小，生长受到抑制。②落花落果。当烧叶、黄叶等药害现象发生时，多数也会引起落花落果；另外，浓度偏高的乙烯利、花期喷用农药多同样会引发授粉不良、落花落果，所以，提倡花期尽量少向花朵喷药、喷肥。

三是残留药害。上茬或上年施用的农药或农药的分解产物残留在土壤中，对下茬或后续蔬菜造成药害。如玉米田施用的西玛津可残留在土壤中，两年之内都会对黄瓜产生药害，一般表现为叶片枯萎，严重的甚至会造成植株枯死。施用多效唑或特普唑量大时，也会使下季或下茬蔬菜生长缓慢，可喷赤霉素30～40毫克/千克缓解。

(2)发生原因　黄瓜植株施用农药后，多从气孔、皮孔、水孔或伤口进入到黄瓜植株体内，有的可由根部吸收到植株体内，还有的可以通过叶、茎、花、根的表皮渗入到植株体内。当农药种类选用不当，施用浓度过高或着药量过大，使用时间不佳或使用方法不妥，以及黄瓜植株衰弱抗药力差时，都容易发生药害。

引发药害的机制主要是药剂的微粒可能直接堵塞叶表气孔、水孔，或进入组织里堵塞了细胞间隙，造成黄瓜植株的呼吸、蒸腾、光合作用受到严重影响；药剂进入植株细胞或组织后，也可能与一些内含物发生化学反应产生有害物质，造成黄瓜正常生理功能和新陈代谢受到干扰或破坏，从而表现出一系列的生理病变、组织病变，以至于外部形态上出现特异性的异常表现。

(3) 防治措施

一是谨慎选用、混用及使用农药。选用农药时，一定要考虑药剂对黄瓜的安全性。药剂混用要科学合理，不可胡乱混用，一般以不超过 4 种药剂为宜，不能与其他药剂混用的一定要单用；另外，要注意药剂要现配现用；使用时，要注意做好试验，避免因盲目喷洒药剂而造成药害，要严格按照农药使用说明中规定的浓度、用量进行使用；喷药时，要细致、周到、均匀，药滴要细微，避免局部着药过多。

二是尽量避开黄瓜耐药力弱时喷药。一般苗期、开花期用药易出现药害，要特别注意；不要在高温、烈日的中午用药，因为在高温强光下，黄瓜耐药力减弱而药剂活性增强，易产生药害。

三是药害一旦发生，应及时采取补救措施。出现药害后，如发现及时，要立即喷洒 2～3 遍清水，可减轻药害的危害程度。种芽、幼苗药害较轻时，应及时中耕松土。适量增施氮肥，促进幼苗早发，转入正常生长发育。叶片、植株药害较重时，要及时浇水，增施充分腐熟的有机肥及磷、钾肥，中耕松土。根据黄瓜的长势及发育规律，调控温、湿度，促进根系发育，提高黄瓜抵抗药害的能力。同时，可叶面喷洒增万金、海天力、施必克和绿菌素等营养剂，可有效缓解药害。如生长缓慢，可及时喷洒芸薹素内酯及细胞分裂素等，以促进黄瓜植株迅速生长，减轻药害的危害程度。

四是要注意喷雾器的专用。如果喷洒过除草剂的喷雾器就不能再用来喷洒其他药剂，不要简单地认为，冲涮喷雾器后，就不会出现药害，有时候即使冲洗多遍，也可能会出现药害，很多菜农就是因为用喷洒过除草剂的喷雾器往蔬菜上喷洒其他药剂，而造成了药害，影响了黄瓜的正常生长。

78. 黄瓜叶片常发生哪些生理性病害？如何防治？

黄瓜叶片常发生的生理性病害主要包括：花斑叶、褐斑叶、生理性积盐、枯边叶和生理性萎蔫等。

(1)花斑叶

【症　状】　多发生在植株中部叶片，初期叶部出现深浅不一，花斑逐渐变黄，叶面出现凹凸不平形状，凸部出现黄褐色后变黄、变硬，叶缘四周下垂，这在温室黄瓜栽培中常常见到。

【发生原因】　是由于糖类（碳水化合物）积累在叶片中所引起的。由于叶面光合作用所制造的养分不能及时输送到果实中所致。叶片发硬、变黄是由于糖分积累导致生长不平衡造成的，主要是夜温尤其是上半夜温度偏低的原因，导致叶片白天进行光合作用产生的糖类不能及时输送而积累在叶片中间形成花斑叶；也由丁钙、镁、硼等营养不足造成糖类输送受阻而产生。

【防治措施】 ①根据黄瓜一天中生理活动对温度的要求来调控温度，即白天上午保持在28℃～30℃，下午保持在25℃左右，上半夜保持在20℃～15℃，下半夜保持在13℃左右，有利于叶片中的糖类及时输送出去。②多施充分腐熟的有机肥，补充钙、镁、硼等中量、微量元素。③合理浇水，不能控水过度，也不能大水漫灌。④不要盲目加大杀菌剂用量。如含铜类过高的杀菌剂，铜浓度高可抑制作物细胞分裂生长，也易导致花斑叶。

(2)褐斑叶

【症　状】 多发生在中下部叶片上，叶片顺着叶脉出现坏死，主脉变褐色，叶脉产生黄色小斑点或条纹近似于褐色。严重时叶脉、叶柄、茎蔓茸毛基部变成黑褐色。

【发生原因】 是由于锰过多而引起的锰中毒。土壤中的活性锰因受土壤生理活性和施肥状况影响很大，使土壤偏酸性、黏重、有机质含量高，遇土壤低温、高湿时，土壤中的锰呈还原状态，活性增加而易被植株吸收，导致锰中毒。另外，为防治霜霉病等病害，过多施用含锰、锌类的杀菌剂，也会导致锰中毒。

【防治措施】 锰、锌类药剂尽量不要连续施用。同时要改良土壤理化性质，合理施肥，增施有机肥和钙肥，可增施多维土壤增肥调理剂，每667平方米用量75～100千克，适度浇水，避免土壤阴湿。一旦有褐斑叶出现，要加强肥水管理，及时增施含磷、钙、镁的叶面肥。

(3)生理性积盐

【症　状】 叶片晚上有水滴沉积，晴天通风后，叶边缘出现白色，盐渍呈不规则半牙形。

【发生原因】 是由于化肥施用量过多导致土壤浓度升高，植株吸收后，盐分随着植株流到叶缘水孔处，使叶片出现吐水，日出后表面水分蒸发，出现盐渍。

【防治措施】 不要施用大量化学肥料，要增施有机肥，可选用多维强力有机肥等。

(4)枯 边 叶

【症 状】 叶干边。

【发生原因】 土壤盐分过高，造成病害。棚内湿度大，晴天突然通风，植株不适应，易造成盐害。

【防治措施】 不要用过多的化学肥料，多施有机肥。在选择肥料时应慎重，不要选氨味过重的。

79. 怎样防治越夏黄瓜死棵？

近年来，因为越夏栽培黄瓜效益好，越来越受到菜农的青睐。但是，由于越夏栽培黄瓜易发生死棵现象，使越夏黄瓜的栽培成为一个困扰菜农的难题。

(1)症状表现 植株先表现出顶部叶片变黄，然后植株会出现急性萎蔫现象，一般在发现叶片变黄后2～5天内植株死亡。拔出黄瓜植株后观察根系，可以发现黄瓜植株的根系生长差，基本上没有毛细根，黄瓜根系的吸收能力就非常弱，黄瓜吸收的养分、水分就不能供应植株正常生长的需要。有的黄瓜植株表现为心叶发黄，容易被当作病毒病，其实，这些都是由于根系生长弱引起的。

黄瓜出现死棵的原因有好多种，目前常见的死棵主要与根系的生长不良有关。究其原因，主要有以下两个方面：一是保护地内的地温过高，保护地中的土壤不利于根系生长，某些土传性病害侵染危害。出现这种情况的保护地内一般都覆盖着地膜，中午时地温在30℃以上，对根系的生长不利。二是光照过强，植株的蒸腾作用旺盛，而根系又不能吸收足够的水分，因此，就很容易出现萎蔫现象，等到发现这种情况时，黄瓜已经出现了死棵。黄瓜的根系生长差，导致养分吸收不足，在植株的顶部叶片表现出发黄的现象，也是一种营养元素缺乏的症状表现。

(2)防治措施 重点是养好根，以保证黄瓜植株养分和水分的充分供应，促进植株正常生长。要做好以下4点：①不铺设地膜。已铺设地膜的，要及时撤去地膜，以降低地温，保证根系的正常生长。尤其需要注意的是，越夏栽培的黄瓜不必铺设地膜。②喷灌清水。往植株上喷洒清水，可在一定程度上降低温度，每天1次；也可用清水灌根，有利于生根，可连续灌2～3次。③灌根。可用增万金、甲壳丰等进行灌根，促进根系生长，保证黄瓜生长有足够的养分供应，对黄瓜根系的生长有利。一般可以20天左右灌1次。④选择适宜品种。选择适宜在夏季高温强光照的环境条件下生长的耐热品种。

80. 如何防治棚室黄瓜叶片急性凋萎？

(1)症状识别 棚室黄瓜在栽培过程中，植株生长发育正常，但在短时间内，少者几个小时，多者一二天，黄瓜整株叶片萎蔫，随之茎叶凋萎而死，死后瓜秧仍然保持绿色，所以，菜农常常俗称为“青枯”。一旦发生，处理不及时或处理不当，就会造成大面积的植株死亡，损失严重。

(2)发病原因 保护地黄瓜遇低温连阴雾天或雨雪天气，揭不开草帘，黄瓜不能进行光合作用，植株处于饥饿状态，地温低，根系活动很微弱，一旦暴晴，揭开草苫，室温很快上升，空气相对湿度下降，黄瓜叶片蒸腾量大，蒸腾速度快，而地温低，根系弱，不能充分吸水补充叶片蒸腾消耗的水分，造成叶片急性萎蔫。如果不及时采取措施，则会由暂时萎蔫迅速地发展为永久萎蔫，造成茎叶凋萎。

(3)防治措施 ①棚室黄瓜在栽培过程中，遇低温连阴雾天或雨雪天气，一旦天放晴，要采取拉花苫的方式，即草苫要隔一床拉一床，使瓜秧逐渐适应，直至最后全部拉开。②拉起草苫后，一旦发现瓜秧萎蔫，要立即放下草苫，等到叶片恢复正常时，再拉起草苫，这样反复几次后，瓜秧就不会再萎蔫。③如果出现叶片萎蔫比较严重的现象，可以往叶片上喷洒清水，防止过度萎蔫，使叶片受害。

81. 如何防治黄瓜沤根病？

(1)症状识别 新发出的幼苗长成一定程度的大苗时，都有可能发生沤根现象。发生沤根时，常见根部不发新根和不定根，根皮发锈腐烂，内部组织颜色变暗褐呈水渍状。地上部生长受到抑制，叶片逐渐变黄，叶缘开始干枯，直至整叶皱缩枯黄。由于根部逐渐腐朽，病苗萎蔫，不生新叶，重时病苗枯死。在发病过程中，病苗极易从土壤中拔起。

(2)发病条件 主要原因是地温低于 12℃，且持续时间长，浇水过量，或连续阴雨雪天气，光照不足，致使幼苗根系在土壤低温、过湿、缺氧状态下，呼吸作用受阻，不能正常生长发育。上述不良条件的影响如持续一段时间，超过了黄瓜根系耐受的限度，根系吸水能力降低，而且生理功能遭到破坏，就会造成沤根。

(3)防治措施 ①育苗畦面要平整，防止浇水后床面有积水，严防大水漫灌苗床，避免苗床地温过低或床土过湿。②苗床温度要控制在 16℃以上，一般不宜低于 12℃，使幼苗苗壮成长。③播种时，一次要灌足底水，整个育苗过程中要适当控水，严防床面过湿，尤其要防止育苗营养土长时间阴湿，同时注意增加光照。④掌握好通风时间及通风量。

82. 高温会使黄瓜受到哪些危害？其应对措施是什么？

(1)土壤温度过高对黄瓜的影响 在一定的范围内，土壤温度增高，黄瓜的生长加快。黄瓜根系生长发育以及吸收水分、养分的最适温度为18℃～20℃。土温太高会影响生长，土温超过25℃时根系吸收能力也减弱。土温30℃～35℃以上时，根系生长受抑，容易感病，引起植株早衰。尤其是无刺小黄瓜则会因地温过高，根系生长受到抑制，而出现死棵的现象。

(2)气温过高对黄瓜的影响 ①引起日灼。高温又强光，短时间就可以出现叶片被灼伤的情况，多发生在植株的中上部叶片，尤其是接近或触及棚膜的叶片更为严重。轻者叶缘被灼伤，重者半个叶片甚至整片叶被灼伤，受伤部位随之干枯。这种情况在高温闷棚或闷棚结束后，通风过快时极易出现，甚至会引起植株失水萎蔫。若水分跟不上，可能造成植株死亡。②影响花芽分化与性别分化。黄瓜苗期花芽分化的早晚，除与遗传因素有关外，还直接受到日照时间长短和温度的影响。通常高温、长日照有利于雄花的分化，雌花会相对减少；低温短日照则有利于雌花的分化。③坐瓜减少，出现畸形瓜。在日光温室高温情况下，常可见到有些品种的结瓜明显减少。一些耐高温的品种在高温下，如果其他措施（肥水、二氧化碳等）配合不力，容易出现瓜把长、果形短、色泽不好、苦味及畸形瓜，降低或失去商品价值。④白天的高温会使黄瓜的光合作用受到抑制，同时也增加了植株体的呼吸消耗，使净光合速率降低，造成内部养分亏缺，生长不良。夜间高温还会引起植株徒长，同时也增加黄瓜的呼吸消耗，影响黄瓜的开花坐果及产量。

(3)应对措施 ①做好棚室的通风管理工作，避免长时间出现35℃以上的高温。当阳光照射过强，棚室内外的温差过大，不便通风降温或经过通风仍不能降低到所需的温度时，可采用遮荫办法降温。棚室内的温度过高、相对湿度过低时，可喷冷水雾。②越夏栽培时，不必铺设地膜，采用小水勤浇、培土和畦面覆盖等办法降低地温，保护根系。此外，在生长旺盛的夏季，中午不可突然浇水，使根际温度骤然下降而使植株萎蔫，甚至死亡。③高温闷棚，要严格掌握温度和时间，龙头处的气温以44℃～46℃为宜，维持的时间以2小时为宜。龙头接触棚顶时，要及时弯下龙头。高温闷棚的前一天晚上，一定要灌足水，提高植株的耐热力。

83. 如何防止温室黄瓜生长点消失症的发生？

黄瓜生长点消失症的典型症状是：黄瓜生长点逐渐变小至最终消失，即“无头”现象，常伴有“泡泡叶”（叶片叶脉间普遍隆起，叶面凹凸不平，多向叶正面鼓泡）的发生；病叶往往较正常叶片大而肥厚，且随着黄瓜叶片叶位的升高，叶片变大，叶色深绿；叶间距明显短缩，植株生长势旺盛，茎秆变粗或变化不明显，至少不变细；有的茎秆呈扁平状，瓜条生长速度比较快，且瓜条粗而大，色泽深绿。据调查，该病多在3～4月份发生，主要是由于温度管理不合理，影响了营养物质的输送传导而造成的。

生长点消失症是温室黄瓜特有的、新发生的生理性病害，对其发生机制及预防技术还不甚明确。实践表明，温室黄瓜生长点消失症在目前技术条件下，从发生到恢复正常结瓜需50～60天，一般棚室发生时，同期产量可降低60%～80%，严重者产量降低90%以上，居温室黄瓜各种病虫害损失之首。而且随着温室黄瓜种植面积的增加、种植年限的延长，其危害有逐年加重的趋势。

(1)影响发病的因素 ①品种。品种不同，黄瓜生长点消失症的发生株率、发生程度及发生后恢复时间的长短也不同。所以，要选择冬日1号、新泰密刺和吉选2号等发病率较轻的品种进行栽培。②连作年限。连作年限愈长，棚室保温性能和土壤营养状况就愈差，发病率就愈高，发病愈重，产量损失愈大。③温度管理。温度是影响温室黄瓜生长点消失症的最主要因素。土壤温度过低时，根系正常生理活动受到抑制，影响黄瓜的正常生长发育。此外，温度与光合产物的运输有密切的关系。温度过低，同化物质运输受阻，黄瓜叶片白天制造的营养物质，只有25%左右在白天运输到根、茎、花和果实等部位中去；75%左右的营养物质的运输在前半夜进行。营养物质在15℃～20℃的范围内均能输送，而且温度越高输送得越快，温度越低输送得越慢。温度低于15℃时，营养物质的输送就要停止，使养分积累于叶片中（叶片凹凸不平、皱缩，出现泡泡叶），黄瓜生长点得不到足够的营养，导致生长点"饥饿"而萎缩，逐步退化，最终消失。

(2)预防措施 棚室黄瓜一旦发生该病害，恢复时间比较长，对产量影响很大。因此，做好预防工作显得尤其重要，采取的主要措施有：①选用耐低温品种。温室黄瓜栽培是在环境条件不能完全满足黄瓜正常生长发育条件下的强迫生长，其本身生长势比较弱，抗性比较差。可选用新泰密刺等耐低温品种。②调控温湿度。采用温室黄瓜四段变温、湿度管理，即上午棚室温度保持25℃～30℃，空气相对湿度保持30％～70％；下午温度保持25℃～20℃，空气相对湿度保持65％～80％；前半夜温度保持20℃～15℃，空气相对湿度保持80％～85％；后半夜温度保持15℃～12℃，空气相对湿度保持85％～95％。尤其是前半夜温度一定不能低于15℃，以利于营养物质的输送，使黄瓜生长点得到足够的营养。通过加盖防寒膜、科学通风换气等措施调控棚室内的温湿度，既能满足黄瓜正常生长发育的需求，又能有效地控制黄瓜生长点消失症等病害的发生。③加强栽培管理。通过低温炼苗、培育壮苗、增施有机肥及钾肥、补施微肥、适时适度中耕和提高棚室土壤温度等栽培管理措施，提高其抗逆性，促使黄瓜健壮生长。

(3)治疗措施 对于已发生黄瓜生长点消失症的棚室，要采取以下3种治疗措施，使黄瓜尽快恢复正常的生长发育，把损失降到最低。①提高棚室内夜间温度，缩小昼夜温差。提高棚室夜间温度尤其是前半夜的温度(大于18℃)，缩小昼夜温差，促进营养生长，抑制生殖生长，促发生长点。②及时进行灌水施肥。适时适度灌水，使棚室土壤湿度达90％以上，保证黄瓜不缺水。增施速效肥，每667平方米施尿素10～15千克，每隔10天施1次。叶面喷施金云大-120、海天力等调节剂，加速生长点恢复的速度。③适度中耕。由于人经常行走，易造成大行间土壤板结，使土壤通透性变差，根系生理功能过早衰退，吸水吸肥能力变差，不利于黄瓜生长发育。一般15～20天中耕1次，深度10～15厘米。黄瓜植株15厘米以内不宜中耕，以免破坏黄瓜过多根系，影响温室黄瓜的正常生长发育。

84. 如何防止黄瓜叶片生理充水现象的发生?

棚室黄瓜在低温时期,叶片经常出现生理充水现象,而常常被菜农误认为是发生了病害而错用、乱用农药防治,导致了生理病害得不到及时控制,反而会出现药害。

(1) 症状识别 叶片生理充水主要发生在冬茬、冬春茬黄瓜上,黄瓜叶片尤其中部、中上部叶片症状最为明显。清晨进棚时可见叶面出现许多角状或近圆形水浸状小斑点。严重时,水浸状斑点互相连片。等叶面露水干后,水浸状斑点消失,到傍晚又重新出现,翌日清晨更清楚,如此反复几天,水浸状斑点变成黄褐色枯死小斑,均匀分布于叶片表面,严重时黄褐色小斑连片,造成叶片枯焦。

(2) 发病原因 叶片生理充水的原因目前还不很明确,一般认为是由于低温、土壤湿度过大,在密闭条件下空气相对湿度大,叶片蒸腾受到抑制,水分大量滞留在细胞间隙所致。如果误认为是角斑病或霜霉病初期而喷布药液防治,不但没有效果,反而极易出现药害。

(3) 防治措施 ①提倡使用嫁接苗。适时定植,缓苗后适当控制浇水,加强中耕,提高土温和通透性,促进根系发育。②采取增温、增光、降湿措施。使用无滴膜,保持棚膜清洁,增强透光率,白天温度控制在 25℃～30℃,保证叶片正常的蒸腾作用。棚室内使用反光幕,可以减少生理充水病害的发生。浇水要膜下沟灌,灌水后,要及时进行通风。③清晨发现黄瓜叶片出现生理充水时,要密闭棚室增温,然后及时通风排湿。

85. 黄瓜产生苦味的原因及防治措施是什么?

黄瓜的苦味是由于瓜内含有一种叫苦味素的物质产生

的。苦味素多存在于近果梗的肩部，而尖端较少，所以，往往黄瓜的根部更苦一些。这种苦味带有品种遗传性，所以，苦味的有无和轻重，常因品种不同而异。一般叶色深绿的品种较叶色浅的品种更容易发生苦味瓜。同时栽培环境和管理措施不当，都会增加黄瓜肉中苦味素的积累，所以，即使是同一株上的黄瓜，其发苦的程度也是不同的，往往根瓜更易发苦。

在下列几种情况下易出现苦味瓜：①水分不足，肥料缺乏。特别是在定植后到根瓜采收前这段时间控水过狠，造成植株体内水分含量过低，液胞中果汁浓度大，相对的苦味素含量增高。②光照不足。光照不足时，植株的光合能力弱，光合产物少，导致植株营养不良、长势衰弱，容易使苦味素形成和积累。③低温。低温寡照时期，特别是连阴天时，棚内夜间温度低，造成黄瓜生理代谢失调，体内的葫芦素和苷化物（糖苷）不能及时代谢转化成糖分，从而造成瓜味变苦。④高温。棚室早春黄瓜进入生长后期，由于温度过高，或由于植株根系的衰老，或由于土壤湿度大，根系的吸收功能减弱，而夜间温度又过高，瓜条生长缓慢，也会在瓜条里积累更多的苦味素。⑤氮肥施用过量。在基肥、追肥中氮素营养过剩，一方面易使黄瓜苦味素浓度增加，另一方面是氮肥过多易造成植株徒长。坐瓜不整齐时，在侧枝、弱枝上结出的瓜容易出现苦味。⑥中耕伤根，容易产生苦味瓜。早春为提高地温，经常进行中耕。有时忽略了根系的不断伸长，中耕伤根较多，使根系吸收营养的能力减退，植株营养状况不良，造成黄瓜品质下降。

减少苦味瓜产生的措施是：①生产上选用采光保温性能好的温室。②科学施肥。基肥施用量不宜过多，特别是不要过量施用氮肥，黄瓜生长期要适时追肥。③控水控秧要适当。控水期以 15 天左右为宜。④进入高温期，管理温度不宜高，特别要防止夜间温度过高，同时浇水不宜过大。保持膜面清洁或使用无滴膜，以增强光照，加大光合强度。如有苦味瓜，可将黄瓜采摘后放在清水中浸泡1夜，能降低黄瓜的苦味。

86. 如何预防黄瓜生产中出现畸形瓜？

(1)症状表现 保护地黄瓜在生产过程中，尤其是在生长前期或后期，瓜秧上经常结出一些畸形瓜条，常见的有细腰大头瓜、长把瓜、两头细中间粗的大肚瓜、脐端细而凸出的尖嘴瓜、溜肩瓜以及弯曲瓜等。

(2)致病原因 黄瓜畸形瓜都是在环境条件不正常或植株营养状态不佳时产生的。①细腰大头瓜。子房发育不良，主要原因是养分供应不均匀或缺硼。植株营养不良、水分状况时好时坏，反应在瓜条的同化物质积累不均匀；或开花坐瓜前缺少硼素供应，雌花子房发育不良，从幼瓜开始就会形成细腰。②长把瓜。其发生的主要原因是在低温条件下受精，植株营养不足，易出现长把瓜。③大肚瓜。其发生的主要原因是雌花受精不充分或受精时间过迟，得到授粉的先端先膨大。营养状况好时，整个瓜条仍可以发育起来形成正常瓜条。若营养不良或浇水不均匀，易出现大肚瓜。④尖嘴瓜。黄瓜不经授粉也能单性结实，在营养条件好时，可发育成正常瓜条。如果植株长势弱，或者温度、湿度、光照条件不好，以及植株光合作用降低时，就易出现尖嘴瓜。⑤溜肩瓜。在夜间温度较低、果实膨大受阻时，容易形成溜肩瓜。⑥弯曲瓜。一种是机械弯瓜，由于正在伸长的瓜条担在叶柄、茎蔓或吊绳上，不能下垂生长而造成弯瓜；另一种是生理弯瓜，主要是因为叶片光合产物不足或不能顺利地输入果实中而形成弯瓜。当植株瘦弱，光照不足，温度、水分管理不当，或水分供应不均匀等，都易使瓜条形成生理弯瓜。弯瓜一般在生长初期或生长后期发生较多。

(3)防治措施 ①采用黑籽、白籽南瓜做砧木嫁接,加强苗期管理,培育适龄壮苗。②采用科学配方施肥技术。在施足有机肥的基础上,注意氮、磷、钾肥的合理施用,并注意增施微量元素肥料和适时喷施叶面肥,保证植株有充足的营养供应。一是氮、磷、钾比例要适当。黄瓜需要氮、磷、钾三要素的比例,苗期4.5∶1∶5.5,盛果期2.5∶1∶3.7,氮、钾的比例大于磷,钾的需要量大于氮,所以,钾肥施用不能忽视。二是施肥量要适中。施肥量过大,土壤盐分浓度高,阻碍黄瓜吸收水分和养分,不仅影响黄瓜植株正常生长,而且畸形瓜多。一般每生产1 000千克黄瓜需要施氮2.8～3.2千克,五氧化二磷1.2～1.8千克,氧化钾3.6～4.4千克。三是重视结果后期的施肥。随着黄瓜的收获,养分不断消耗,需要稳而长的养分供应,后期忽视追肥,黄瓜因缺肥而早衰,有效采收期缩短,黄瓜产量下降,畸形瓜增多。一般黄瓜定植后,需要追肥8～10次。追肥时,还要配合施入一定量的有机肥。③要尽量保持地温在12℃以上。定植后的管理,要以促根控秧为主,注意适时适量的进行浇水,促进根系向深层土壤发展。④在结果期要做好温度、湿度、光照和水分管理,避免温度过高或过低,要均匀供应水肥;及时预防病虫害的发生,防止植株出现早衰现象。⑤结果期要进行植株调整。在绑蔓、落蔓时,要消除外界对瓜条的阻挡因素,避免造成机械弯瓜。同时,根瓜要早摘,结果盛期每天都要摘瓜,保持瓜秧旺盛。一旦发现畸形瓜,要及时摘除,避免与正常瓜争夺养分。

87. 怎样减少棚室黄瓜栽培中的弯瓜数量?

黄瓜的直与弯是鉴别黄瓜质量的重要指标之一,直接关系着棚室黄瓜栽培的经济效益。特别是在深冬季节直黄瓜与弯黄瓜的价格相差悬殊,有时直黄瓜的价格是弯黄瓜的5～6倍。黄瓜出现弯瓜是由于光照不足、温度低和营养不良等原因造成的。解决的办法是,除改善栽培条件外,还可以采取其他一些措施进行补救。

使用黄瓜弯瓜直坠技术,效果非常明显。其方法简便,无污染,效果好,有很高的实用和推广价值。其具体方法是:

(1)拴绳处理 取直径2厘米、4厘米左右长的小瓦片或小砖块,用细麻绳或细塑料绳拴好。当黄瓜长到10厘米长时,如发现弯瓜就可以将小砖块挂在黄瓜花把处,这样随着黄瓜的生长,小砖块就可以把弯瓜坠直。

(2)激素处理 在幼花开放前后,用30毫克/千克的赤霉素溶液涂抹于弯瓜的内曲面,数天后瓜条变直。

(3)用刀片处理 一旦发生弯瓜,在幼花开放前后,用刀片在弯瓜背处竖划1道浅印,再横切1～3道浅印,深不过0.5厘米,长2～5厘米。这样弯瓜就能变直,而且销售时伤口几乎看不出来。

(4)机械弯瓜的处理 对于机械弯瓜,在吊蔓、缠蔓时,及时消除阻挡因素,使瓜条下垂即可。

(5)摘除弯瓜 在不影响产量与效益的前提下,于雌花谢花前后摘除弯瓜。

88. 黄瓜叶片过早变硬老化的原因是什么?如何防治?

棚室栽培的黄瓜,经常可以见到叶片过早老化的现象,其症状表现是叶片变硬变脆，或叶片凹凸不平等，叶片的功能明显下降。目前认为，造成黄瓜叶片过早老化的原因主要有以下3点。

一是前半夜温度低，光合产物大量沉积到叶片中，产生泡泡叶。

二是低温下多次施用含铵态氮的肥料，植株被迫大量地吸收铵态氮。黄瓜是喜硝态氮的作物。在地温较高、硝化细菌活性好，土壤能迅速合成硝酸的情况下，施用哪一种氮肥都可以。但在地温低，土壤不能把铵态氮转化成硝态氮时，黄瓜就要被迫吸收铵态氮。铵态氮多时，黄瓜叶色浓，虽然对提高黄瓜早期产量有作用，但此后根系活动弱，吸收水分受到抑制，同化作用降低，叶片出现提早老化的症状。因此，低温下，或做过消毒处理的土壤(因大量硝化细菌也会同时被杀死)，以施用硝酸铵为好。因为硝酸铵中硝态氮和铵态氮各占一半，对黄瓜尤其好。低温下施用硝酸铵的黄瓜，如果没有其他不利条件，一般是叶色翠绿，叶片柔软，薄厚适中。

三是用药频繁或不当引发的药害。高温时，喷用代森锰锌或喷后遇高温，多次施用普力克，或一次施用药剂种类多、药量大，都会使叶片很快老化，变厚变硬。

黄瓜叶片过早老化的防治措施：①经常对棚室上的塑料膜进行清扫，增加棚室透光度；加强增温、保温措施，以防低温冷害。②低温条件下多施用含硝态氮的肥料。③选用适宜的药剂，适时用药。平时应尽量创造良好的环境，抑制病虫危害。一旦发生病虫害，应对症下药，并注意用药的时间，控制药剂的浓度和用药量，用药要均匀。一旦发现用药浓度过高，必须立即喷清水，并通风去湿，避免发生严重危害。

89. 怎样识别黄瓜营养元素缺乏症？如何防治？

(1)缺 氮 症

【症　状】　①从下部叶到上部叶逐渐变小、变薄、变黄。因为作物体内的氮素化合物有高度的移动性，能从老叶转移到幼叶，所以，缺氮症状通常先从老叶开始，逐渐扩展到上部幼叶。②开始叶脉间黄化，叶脉凸出可见。最后全叶变黄，且黄化均匀，不表现斑点状。③花小、坐果少，瓜果生长发育不良，果实表现为"尖嘴瓜"且颜色变淡。④缺氮严重时，整个植株黄化，不能坐果。⑤在土壤缺氮时，如果钾素又供应不足，黄瓜将表现为蔓细，叶小，叶缘失绿，果实不能正常膨大，或出现化瓜。

【发生原因】　①土壤本身含氮量低。②土壤有机质含量低，有机肥施用量低，造成土壤供氮不足。③种植前施大量未腐熟的作物秸秆或有机肥，碳素多，其分解时会夺取土壤中的氮。④土壤板结，可溶性盐含量高，黄瓜根系活力减弱，吸氮量减少，也容易表现出缺氮症状。⑤产量高，收获量大，从土壤中吸收氮多而追肥不及时。

【防治措施】　①施用新鲜的有机物做基肥，要增施氮肥。②施用完全腐熟的堆肥，要深施。③土壤板结时，可多施一些微生物肥。④应急措施。可追施速效氮肥，每667平方米用5～6千克纯氮，溶解在灌溉水中，随浇水一起施入土中。也可叶面喷施0.2%～0.5%的尿素溶液。

(2)缺 磷 症

【症　状】　①植株生长受阻，茎短而细，矮化；叶片小，叶色浓绿、发硬，稍微向上挺，老叶有明显的暗红色斑块，有时斑点变褐色，下位叶片易脱落。②须根发育不良。③果实小，成熟晚。

【发生原因】 ①土壤含磷量低。②堆肥施用量小，磷肥用量少易发生缺磷症。③地温常常影响对磷的吸收。温度低，对磷的吸收就少，日光温室等保护地冬春或早春易发生缺磷。④多年连作的酸性土壤容易缺磷。土壤如为酸性，磷变为不溶性，虽土中有磷酸的存在，但它也不能被吸收。

【防治措施】 ①黄瓜是对磷不足非常敏感的作物。土壤缺磷时，除了施用磷肥外，预先要培肥土壤。②苗期特别需要磷，注意增施磷肥。③施用足够的堆肥等有机质肥料。施用堆肥后，磷酸根离子不会直接与土壤接触，可减少被铁或铝所结合，对磷的吸收很有帮助。④防止土壤发生酸化，对于酸性土壤，适度改良土壤酸度，可提高肥效。⑤应急措施是：叶面喷施 0.2%～0.3%的磷酸二氢钾溶液。

(3)缺钾症

【症状】 ①在黄瓜生长早期，叶片小，叶片青铜色而叶缘出现轻微的黄化，在次序上先是叶缘，然后是叶脉间黄化，顺序非常明显。②在生育的中、后期，中部叶附近出现和上述相同的症状。③叶缘枯死，随着叶片不断生长，叶向外侧卷曲，严重时叶缘呈烧焦状干枯。④叶片稍有硬化。⑤瓜膨大伸长受阻，出现畸形果多，容易形成尖嘴瓜或大肚瓜。

【发生原因】 ①土壤中含钾量低，施用堆肥等有机质肥料和钾肥少，易出现缺钾症。②地温低，日照不足，过湿，施铵态氮肥过多等条件阻碍对钾的吸收。

【防治措施】 ①施用足够的钾肥，特别是在生育的中、后期不能缺钾。②施用充足的堆肥等有机质肥料。③如果钾不足，可每 667 平方米施硫酸钾 15～20 千克，一次追施。④应急措施是：叶面喷施 0.2%～0.3%的磷酸二氢钾溶液或

1%草木灰浸出液。

(4)缺 钙 症

【症 状】 ①上部叶形状稍小,向内侧或向外侧卷曲。②长时间连续低温,日照不足,骤晴,高温,生长点附近的叶片叶缘卷曲枯死,呈降落伞状。③上部叶的叶脉间黄化,叶片变小。在叶片出现症状的同时,根部枯死。④严重缺钙时,叶柄变脆,易脱落,植株从上部开始死亡,坏死组织灰褐色。⑤花比正常小,果实小,风味差。

【发生原因】 ①土壤一般不缺钙,但在多肥、多钾、多氮情况下,钙的吸收受到阻碍;或遇有连阴天,地温低,根的吸水受到抑制,再遇晴天,钙的吸收不充足时,都可能发生缺钙症状。②空气相对湿度小,蒸发快,补水不足时易发生缺钙。③多年不施钙肥,土壤本身缺钙。

【防治措施】 ①土壤钙不足,可施用含钙肥料,如硅钙肥。②施用农家肥,增加腐殖质含量,缓冲钙波动的影响。③平衡施肥,避免一次施用大量的钾肥和氮肥。④要适时浇水,保证水分充足。⑤日光温室等保护地栽培,深冬和早春期注意保温。⑥应急措施是:用0.3%氯化钙水溶液喷洒叶面。

(5)缺 镁 症

【症 状】 黄瓜在生长发育过程中,生育期提前,果实开始膨大并进入盛期的时候,下部叶叶脉间的绿色渐渐地变黄,进一步发展,除了叶脉、叶缘残留点绿色外,叶脉间全部黄白化。生长后期发生缺镁症状时,叶片上可出现明显的绿环。

【发生原因】 ①土壤本身含镁量低。②钾肥、铵态氮肥用量过多,阻碍了对镁的吸收,尤其是在日光温室栽培中反应更明显。③收获量大,而没有施用足够量的镁肥。

【防治措施】 ①土壤缺镁,在栽培前要施用足够的含镁肥料。②避免一次施用过量的、阻碍对镁吸收的钾、氮等肥料。③应急措施是：用1%～2%硫酸镁水溶液，喷洒叶面。10天喷1次，连喷2次即可缓解症状。

(6)缺 锌 症

【症　状】　①从中部叶开始褪色，与健康叶比较，叶脉清晰可见。②随着叶脉间逐渐褪色，叶面上出现小黄斑点，叶缘从黄化到变成褐色。③因叶缘枯死，叶片向外侧稍微卷曲。④果实短粗，果皮形成粗绿细白相间的条纹，绿色较浅。⑤缺锌严重时，生长点附近的节间缩短，植株叶片硬化。

【发生原因】　①光照过强易发生缺锌。②若吸收磷过多，植株即使吸收了锌，也表现缺锌症状。③土壤碱性高，即使土壤中有足够的锌，但其不溶解，也不能被黄瓜所吸收利用。

【防治措施】　①不要过量施用磷肥。②缺锌时，可以施用硫酸锌，每667平方米用1.5～2千克。③应急措施是：用硫酸锌0.1%～0.3%水溶液或绿芬威1号或绿芬威3号800～1 000倍液喷洒叶面。

(7)缺 硼 症

【症　状】　①生长点附近的节间显著地缩短。②上部叶向外侧卷曲，叶缘部分变褐色。③当仔细观察上部叶叶脉时，有萎缩现象。④果实上有污点，果实表皮出现木质化。⑤根系不发达。

【发生原因】　①在酸性的砂壤土上，一次施用过量的碱性肥料，易发生缺硼症状。②土壤干燥影响对硼的吸收，易发生缺硼。③土壤有机肥施用量少，在土壤碱性高的日光温室的土壤也易发生缺硼。④施用过多的钾肥，影响了对硼的吸收，易发生缺硼。

【防治措施】　①土壤缺硼，可预先增施硼肥，定植前每

667平方米施用硼砂0.5～1千克。②要适时浇水，防止土壤干燥。③多施腐熟的有机肥，提高土壤肥力。④增施磷肥，可促进对硼的吸收。⑤应急措施是：用0.12%～0.25%的硼砂或硼酸水溶液喷洒叶面。

(8)缺铁症

【症 状】 ①植株的新叶除了叶脉全部黄白化，渐渐地叶脉也失绿；新叶的叶脉间先黄化，逐渐全叶黄化，但叶脉间不出现坏死症状。②腋芽出现与上述同样的症状。③开花结果后，果实生长慢，表皮浅灰绿色，质地硬，不可食。

【发生原因】 磷肥施用过量、碱性土壤、土壤中铜、锰过量、土壤过干、过湿及温度低，容易发生缺铁。

【防治措施】 ①尽量少用碱性肥料，防止土壤呈碱性，土壤pH应在6～6.5。②注意土壤水分管理，防止土壤过干、过湿。③缺铁的土壤，每667平方米可施用2～3千克硫酸亚铁做基肥。④应急措施是：用硫酸亚铁0.1%～0.5%水溶液或柠檬酸铁100毫克/千克水溶液喷洒叶面。

90. 怎样识别黄瓜营养元素过剩症？如何防治？

(1)氮素过剩症

【症 状】 叶片肥大而浓绿，中下部叶片出现卷曲，叶柄稍微下垂，叶脉间凹凸不平，植株徒长。受害严重时，叶片边缘受到随“吐水”析出的盐分危害，出现不规则黄化斑，并会造成部分叶肉组织坏死。受害特别严重的叶及叶柄萎蔫，植株在数日内枯萎死亡。

【发生原因】 施用铵态氮肥过多，特别是遇到低温或把铵态氮肥施入到消毒的土壤中，硝化细菌或亚硝化细菌的活动受抑制，铵在土壤中积累的时间过长，引起铵态氮过剩；易分解的有机肥施用量过大；棚室种植年限长，土壤盐渍化。

【防治措施】 ①应实行测土施肥，根据土壤养分含量和黄瓜需要，对氮、磷、钾和其他微量元素实行合理搭配、科学施用，尤其不可盲目施用氮肥。在土壤有机质含量达到2.5%以上的土壤中，应避免每667平方米一次性施用超过5 000千克的腐熟鸡粪。②在土壤养分含量较高时，提倡以施用腐熟的农家肥为主，配合施用氮素化肥。③如发现黄瓜有缺钾、缺镁症状，应首先分析原因，若因氮素过剩引起缺素症，应以解决氮过剩为主，配合施用所缺肥料。④如发现氮素过剩，在地温高时可加大灌水缓解，喷施适量助壮素，延长光照时间；同时注意防治蚜虫、霜霉病等病虫害。

(2)硼过剩症

【症　状】 种子发芽出苗后，第一片真叶顶端变褐色，向内卷曲，逐渐全叶黄化；幼苗生长初期，较下部的叶片叶缘黄化，叶片叶缘呈黄白色，而其他部位叶色不变。

【发生原因】 首先要了解前茬作物是否施用较多的硼砂，或是含硼的工业污水流入田间。黄瓜植株叶片的叶缘黄化的原因可能是盐类含量多，或者土壤中钾过剩等，不单纯是硼过剩的结果。人工施用硼肥，使下部叶片的叶缘黄化，症状进一步发展为叶内黄化并脱落，这可能是硼过剩的结果。

【防治措施】 土壤酸性越大，出现症状就越明显越严重。所以，施用石灰质肥料，可以改变pH值。在黄瓜作物生长过程中，施用碳酸钙比氢氧化钙更安全。如硼过剩，可以浇大水，通过水溶解硼并淋失带走一部分硼。如果浇大水后，再施用石灰质肥料效果更好。

(3)锰素过剩症

【症　状】 先从下部叶开始，叶的网状脉变褐；然后主脉变褐，沿叶脉的两侧出现褐色斑点（褐脉叶）。先从下部叶开始，然后逐渐向上部叶发展。

【发生原因】 土壤酸化，大量的锰离子溶解在土壤溶液中，容易引起黄瓜锰中毒。在施用过量未腐熟的有机肥时，容易使锰的有效性增大，也会发生锰中毒。

【防治措施】 土壤中锰的溶解度随着 pH 值的降低而增高，所以，施用石灰质肥料，可以改变土壤酸碱度，从而降低锰的溶解度。在土壤消毒过程中，由于高温、药剂作用等，使锰的溶解度加大，为防止锰过剩，消毒前要施用石灰质肥料。注意田间排水，防止土壤过湿，避免土壤溶液处于还原状态。施用有机肥时，必须完全腐熟。

91. 黄瓜有花无瓜是什么原因造成的？如何防治？

【症　状】 雄花多，雌花少。

【发生原因】 由黄瓜植株体内细胞分裂失调所致。黄瓜枝叶藤蔓发育粗壮，才能增强其分蘖发杈能力，雌、雄花也才能在同株体上均匀地开放。若黄瓜植株在生长过程中藤蔓失调疯长，就会破坏黄瓜植株体的分枝能力，从而导致黄瓜只开雄花不开雌花，或只在蔓梢处开非常有限的几朵雌花。这样会严重影响黄瓜的产量和收益。

【防治措施】 当黄瓜植株长出 3～4 片真叶时，每 667 平方米可用乙烯利 200～500 毫克/千克（稀释浓度），或萘乙酸 5～10 克，或三十烷醇 5～10 克，或助长素 10 克（上述植物生长调节剂任选 1 种即可），然后加水 50～70 升，在黄瓜上均匀喷施 1～2 次，即可促进黄瓜植株细胞正常分裂，增强雌雄花同株并开的能力，有效解决黄瓜因只开雄花而引发的“不育症”。

92. 黄瓜出现秧蔓虚症是什么原因？如何防治？

【症 状】 黄瓜节间长，超过 8 厘米，茎蔓粗壮，直径超过 0.8 厘米，叶柄与茎蔓的夹角小于 45°，叶片大而肥厚，叶色淡黄，生长点突出，卷须细长、颜色淡，瓜条少，幼瓜不膨大，综合抗性降低。

【发生原因】 主要是由于夜温经常超过 18℃，土壤湿度大、氮肥足而引起的。

【防治措施】 ①减少氮肥用量，追肥改为施用腐熟的有机肥、饼肥、磷肥、钾肥。②降低夜温。草苫应采取早揭晚盖的管理方式，使室内夜温降到 8℃～10℃。③停止浇水，降低土壤的湿度，待大部分幼瓜开始膨大时，再浇水促瓜。④冬春季节 8～9 时，揭开草苫后，施用二氧化碳气肥，以提高光合作用的强度。⑤叶面喷施促花膨果素，一般每 7 天喷 1 遍，以促进幼瓜迅速膨大。

93. 怎样预防温室黄瓜的早衰？

温室黄瓜常见的早衰症状是：植株萎缩，叶片变黄，果实成熟晚，产量低，严重时可造成植株过早死亡。早衰的主要原因是由环境条件不适宜以及管理不当而造成的。

预防的技术措施：

(1) 适时摘心 摘心的主要作用是防止植株徒长，减少养分过多消耗，促进植株多结果。实践证明，黄瓜在具有 25 片叶左右时摘心，可促进回头瓜的形成；否则，其营养运输受阻。

(2) 摘除老叶 要及时地摘除植株下部的老叶、枯叶和病叶，这样不仅可以减少营养消耗，而且能有效地控制病害的传播和蔓延，有利于通风透光和降低温度，促进植株茁壮生长。

(3)及早采收 一般情况下提倡及早采收,在黄瓜刚见籽迹就可采收。这样,不仅可以减少养分消耗,而且可防止植株过早衰老。

(4)适时追肥 适时追肥,能为植株的生长发育提供充足的养分,这是防止植株衰老的关键性措施。追肥的最佳时期是:果实采收后追 1～2 次,随浇水结合追施腐熟的人粪尿;也可追施氮肥和磷肥,每 667 平方米可施磷酸二铵 15 千克,可将化肥溶于水中追施。

(5)灌水降温 在气温较高的季节,可根据天气和土壤墒情适当灌水降温,应采取小水勤灌,以防止冲刷垄台而伤害植株根系。

(6)防病治虫 要注意及时防治蚜虫、白粉虱、红蜘蛛、霜霉病和灰霉病等。

94. 怎样防止黄瓜温室土壤发生盐害?

保护地栽培黄瓜,由于棚内温度较高,土壤蒸发量大,又缺乏雨水的淋洗,使下层盐类由毛管作用上升到土壤表层积累;同时,保护地内黄瓜的生长发育速度较快,产量高。为了满足黄瓜生长发育对营养的要求,需要大量的肥料,但由于土壤类型、质地、肥力以及不同时期黄瓜生长发育对营养元素吸收的多样性、复杂性,菜农很难掌握黄瓜生长发育所适宜的肥料种类和数量,会经常出现过量施肥的情况,时间一长就大量积累,这些肥料会超过理论值 3～5 倍,加剧了土壤的盐渍化,使土壤溶液浓度快速升高。土壤出现次生盐渍化最明显的特征是土表出现红苔。

盐类累积影响水分、钙的吸收,造成土表硬壳,烂根,使铵浓度升高,钙吸收受阻,叶深而卷曲。黄瓜受害后,茎尖萎缩,叶片小。

防止黄瓜温室土壤发生盐害的措施如下：

(1)以肥吃盐 施用腐熟的优质有机肥料，最好是施用纤维素含量较多(即碳氮比高)的有机肥。比如腐熟的作物秸秆，这样可大大增加土壤的养分缓冲能力，防止盐类积聚，延缓土壤盐渍化过程，明显降低土壤中的可溶性盐分的浓度，减轻土壤盐害，俗称“以肥吃盐”。

(2)撤膜淋洗除盐 由于温室内盐类积聚在土壤表层，且易溶于水，利用夏季换茬空隙，撤膜淋雨溶盐或灌水洗盐。黄瓜收获后，揭去薄膜，在雨季如有数十天不盖膜，日晒雨淋，对消除土壤连作障碍很有效；或者在高温季节(5～8 月份)进行大水漫灌，地面盖膜使水温升高，这样不仅可以洗盐，而且可以杀灭病菌，有利于下茬蔬菜的高产稳产，但要进行深翻，把富含盐类的表土翻到下层，把相对含盐较少的下层土壤翻到上面，可以大大减轻盐害。并在棚室周围挖好排水沟，让盐分随水排走。如果只是将土壤表层的盐分淋洗到土壤底层而未除去，扣上棚膜后，还会有返盐的危害。

(3)覆盖地膜，降低土表盐分聚积 棚室内畦面覆盖地膜，能抑制土表积盐。盖膜后，土面水分蒸发受抑制和受地膜回笼水的影响，土壤层次之间的盐分分布发生了变化，土表含盐量明显降低，但在 0～50 厘米的土层总含盐量并未降低，不过盐害得到了缓解。

(4)基肥深施，追肥限量 用化肥做基肥时要深施，做追肥时尽量少量多次施用，最好将化肥与有机肥混合施于地面，然后翻耕。追肥一般很难深施，故应严格控制每次施肥量，宁可增加追肥次数，以满足黄瓜对养分的要求，不可一次施用过多，造成土壤溶液的浓度升高。

(5)生物除盐 夏季高温季节棚室一般处于歇茬时期，可利用这段时间种一茬除盐植物如苏丹草等。此植物生长速度快，吸肥力强，植株高大，短期内就能获得较大的生长量，有一定的除盐效果。

(6)提倡根外追肥 根外追肥不易使土壤盐渍化，故应大力提倡。尿素、过磷酸钙、磷酸二氢钾、增万金以及一些微量元素，作为根外追肥都是很适宜的。

95. 黄瓜发生黄皮是什么原因？如何防治？

【症 状】 进入3月份后，外界气温开始上升，日光温室黄瓜进入结瓜盛期，生长快，产量高，但有些地块的黄瓜出现了叶片黄、瓜条生长慢及瓜皮颜色淡的现象，严重时瓜皮出现鲜黄色，严重地影响了黄瓜的产量以及商品性。

【发生原因】 由于土壤中的微量元素，如铁、镁、铜等的缺乏而引起的生理性病害。

【防治方法】 ①叶片喷施含铁、镁、铜等微量元素的叶面肥。②增施微量元素铁的用量，一般每667平方米用量为5千克。③单独施用硫酸钾，每667平方米用量为50千克，以促进根系对微量元素的吸收与利用。

96. 如何防止黄瓜瓜蔓徒长不坐瓜？

黄瓜的苗期是黄瓜产量形成的关键时期，黄瓜的坐瓜节位、产量都受黄瓜苗子生长好坏的影响。所以，培养壮苗是黄瓜的高产栽培的关键。如果黄瓜苗子长势过旺，就会出现棵子徒长不坐瓜的现象。

【症 状】 植株长势过旺，叶片厚而大，茎秆粗壮，拔节长，但黄瓜棵子上坐瓜很少，甚至有的黄瓜根本坐不住瓜，即使坐住瓜，但出现焦化纽子和化瓜的现象较多，出现大头瓜、弯瓜、细腰瓜和尖嘴瓜等畸形瓜的情况也较多，严重影响了黄瓜的产量和品质。

【发生原因】 黄瓜瓜蔓徒长是一种营养失调的生理性病害，是由于夜温过高、施用化学肥料过多等原因造成了植株营养生长与生殖生长的不协调。因为黄瓜的养分主要应用于供应黄瓜植株的生长，而黄瓜果实的生长则得不到充足的养分供应，因此，出现了棵子徒长而坐不住瓜的现象。

【防止方法】 ①适当控制温度。要适当控制保护地内的温度，尤其要适当控制夜温，夜温过高，黄瓜容易出现徒长现象。因此，可通过下午晚一些关闭通风口、早上及时通风的方式来调整黄瓜棚内的合适的温度，一般黄瓜正常生长合适的夜温为：上半夜 16℃～18℃，下半夜 12℃～15℃。早上拉草苫时要注意，棚内的温度一般在 12℃左右时，基本符合黄瓜的生长要求，注意温度不要超过 15℃，同时也不要低于 10℃，这样可避免黄瓜徒长。②控制肥水。黄瓜旺长，要注意控制肥水，不可促水促肥。不要施用含氮过高的化学肥料，如磷酸二铵、高氮复合肥等，并适当增施钾肥；也可冲施生物肥或欧开乐植物黄金等，调节黄瓜的养分供应，在一定程度上可控制黄瓜的长势。③喷洒营养液调控植株长势。可叶面喷洒海天力、欧开乐植物黄金和增万金等，以调节黄瓜的长势，使黄瓜的养分达到合理供应，使养分由主要供应营养生长适当转为供应生殖生长，促使黄瓜多坐瓜。④喷洒生长调节剂。在黄瓜长到 3～9 片真叶时，叶面喷洒助壮素或矮壮素或增瓜灵，避免黄瓜出现过旺生长的情况，但在喷洒生长调节剂时，要注意做好试验，避免因用药量过大而造成药害，最好是选在晴天的下午进行喷洒。

六、种植新模式

97. 什么是早春保护地黄瓜套种甘蓝技术模式？

这种模式适用于塑料大、中棚春早熟栽培。黄瓜品种选用雪勇士、新泰密刺（长春密刺）等早熟品种；甘蓝选用早熟的中甘 11 号、鲁甘蓝 2 号等品种。采用大小畦隔畦间作。

(1)育苗 12 月 20 日进行甘蓝温室播种育苗。一间半温室（18 平方米）苗可栽种 667 平方米棚室。2 月中旬进行黄瓜育苗。

(2)重施基肥 只有重施基肥，才能保证主作黄瓜和套种甘蓝的双丰收。每 667 平方米铺施腐熟混合粪 10 立方米以上，深翻后搂平开沟。沟施尿素 20 千克或复合肥 25 千克，然后回土把肥埋上。

(3)及时定植 2 月上旬，扣棚膜、晒地、化冻、深翻，3 月 1～5 日定植甘蓝，最晚不能超过 3 月 5 日定植。这样，才能保证甘蓝在黄瓜旺盛生长前收获，避免互相影响。定植时，做成小高畦并扣地膜，畦宽 80 厘米，畦高 10～12 厘米，沟宽 60 厘米，把甘蓝定植在畦中间，畦两侧待 3 月下旬定植黄瓜，甘蓝株距 33～37 厘米。每 667 平方米栽植 1 400～1 500 株。

(4)肥水管理 定植后浇水，采用穴浇。缓苗后再浇 1 次缓苗水。然后适当蹲苗，浇水时间宜在上午。3 月下旬甘蓝莲座期时，黄瓜也已定植。浇水、施肥可随黄瓜的水肥管理一并进行。4 月上中旬包心期时，以肥水促进。每 667 平方米追施碳铵 20～25 千克。并注意浇水，保护地内温度超过 30℃时，通风降温。

(5)适时采收 3月5日定植甘蓝,4月25日左右,甘蓝可基本一次性采收完毕。黄瓜进入正常管理期,株高一般为60～70厘米,正要进入旺盛生长、批量采收时期,黄瓜、甘蓝互不影响。如甘蓝收获过晚,甘蓝和黄瓜的生长将互为影响,并降低甘蓝产值。

98. 什么是保护地黄瓜与食用菌立体间作高效栽培技术模式?

(1)栽培方式 棚室面积为667平方米,在棚室内,以后立柱为界线,把棚室分为:立柱以南为黄瓜与食用菌间作区,立柱以北为菌墙立体栽培区。黄瓜一般于10月上旬播种培育嫁接苗,11月中旬开始定植,采用宽窄行起垄种植,宽行80厘米,窄行50厘米,株距25厘米;当黄瓜定植后,将发满菌丝的平菇、鸡腿菇等菌袋,栽培到黄瓜的窄行内,每畦排放30袋左右,总投料量3000千克。后立柱以北的空间,将发满菌丝的菌袋顺后墙排成东西走向的梯形墙,墙的高度在1米左右,可排放菌袋5000袋,总投料5000千克左右。

(2)栽培技术 保护地、温室进行黄瓜与食用菌立体间作栽培应选择适宜的品种。食用菌应选择低温型品种,以适应黄瓜保护地内的温度。

一是温度调节。黄瓜生长适宜温度为10℃～28℃,平菇为4℃～25℃,冬季保护地温差有利于黄瓜与食用菌的生长发育。在菇蕾形成期,当保护地中午温度超过25℃时,白天可在菌袋上面覆盖黑膜,以免温度过高及光照过强,影响菇蕾的发生。

二是光照调节。黄瓜叶利用光进行光合作用,随着黄瓜叶逐渐长大形成一定的散射光,即可满足食用菌对光照的需要。食用菌在繁殖阶段，子实体形成时，只需要一定的散射光。为此，食用菌只要配置在棚内黄瓜生长的地下部分及空间的弱光位置，就能满足对光照的要求。为便于管理，可在后立柱间东西向拉上折光率在70％的遮阳网或黑色薄膜，就能形成各自不同的小气候。通过对环境条件的协调利用，来促进黄瓜与食用菌的生长发育。

三是空气调节。黄瓜与食用菌在生长过程中，需要一定的氧气。黄瓜叶能利用食用菌放出的二氧化碳进行光合作用，积累有机多糖，而食用菌可以利用一部分黄瓜叶片气孔放出的氧气。在氧气供应方面，除二者有互补优势外，保护地在中午气温高时，要把顶膜拉开缝隙通风，棚室底部通风孔打开，全面通风1次，以满足二者对氧气的需要。

四是湿度调节。黄瓜若长期在湿度超过95％以上的环境中，会产生霜霉病、白粉病等。而食用菌在菇体生长过程中，湿度应调节在90％以上，所以，两者要相互兼顾，不要顾此失彼。为了减少棚内病害的发生，在给菇体补水时，尽量补充用药物处理过的消毒水，以达到灭菌灭虫的目的。

(3)经济效益及增产效果　黄瓜与食用菌在同一棚内立体栽培，实现了植物与微生物不同物种之间的光合作用与异养呼吸的互补作用。特别是食用菌吸收氧气释放出二氧化碳，给黄瓜进行光合作用及有机物的积累提供了原料，克服了在棚室内单作蔬菜中突出存在的二氧化碳浓度不足的问题，有利于增加黄瓜的光合作用及有机物质的积累，提高黄瓜的产量。黄瓜产出的氧气，则有利于平菇的生长发育，提高了平菇的产量，使保护地经济效益大大提高。

99. 黄瓜－豇豆－芹菜高效间作套种栽培模式包括哪些技术措施？

(1)黄　瓜

一是育苗。2 月中下旬，采取浸种催芽，平床条播，大小棚架双膜覆盖的育苗方式。棚室宽 3 米，高 1.3～1.7 米，棚室内设两个小棚。小棚宽 1 米，高 50 厘米。两小棚间留一走道。播前 20 天左右，结合整地，每平方米施入人畜粪 25 千克。每 667 平方米大田的苗床播量约 0.75 千克，行株距 15 厘米。播后出苗前，每 2 天喷 1 次水，露籽的地方加盖营养土。出苗后可视墒情，每 3 天左右喷水、补土 1 次。

二是移栽。4 月下旬，当瓜秧长出 3～5 片叶时栽入棚室。栽前 20 天左右，结合翻土整地，每 667 平方米施人、畜粪 300 千克左右，碳铵 40～50 千克。每畦栽 2 行，株距 40～50 厘米，每 667 平方米密度 1 800 株左右，栽后每 667 平方米浇水 3 000 升。

三是揭膜上架。5 月上旬在揭膜前 10 天逐步通风炼苗。采第一批瓜后，每 667 平方米施入人粪 750～1 000 千克，尿素 20 千克左右；以后视生长情况施尿素 2 次，每次每 667 平方米用肥 10～15 千克。

四是整枝。上架时只留主蔓，摘除侧枝。采第二批瓜后，从下到上逐步整掉部分老叶。

五是防治病害。黄瓜的主要病害有霜霉病、枯萎病和白粉病等，应用药剂处理种子和在发病初期进行防治。

5 月中旬至 6 月底为黄瓜采收期。

(2)豇豆　5 月下旬育苗，平床露地穴播，每穴 3～4 粒。黄瓜拉藤前 15 天左右，将豇豆套栽于黄瓜的株间，株距 20～

25 厘米，密度为 3 600 株左右。及时整掉第一穗花以下的分杈，主蔓爬至架顶时打顶，侧枝坐荚后摘心。豇豆生长期间一般不需施肥。但在肥力不足的情况下，在采收盛期需施 1 次人粪水。豇豆的主要病害是锈病，可用 25% 粉锈宁配成 1 000～1 500 倍液喷雾；对豆荚螟、蚜虫、红蜘蛛的防治，可用 2%阿维菌素 1 500～2 000 倍液喷雾。

(3)芹菜 芹菜于 8 月 20 日左右播种，11 月中旬以后上市。在播种前 7～10 天，翻土整地，施足基肥。每 667 平方米施人粪 2 000～2 500 千克，磷铵 40 千克，每 667 平方米用种量 1～1.5 千克，播后人工脚踩镇压，并灌水。2～3 片叶期间苗补稀，株距 5 厘米左右，并清除杂草；大田生长期间，视墒情 10～15 天灌 1 次水。

100. 什么是黄瓜加行高矮秧密植立体栽培模式？

黄瓜加行高矮秧密植立体栽培是在常规栽培的基础上，以原栽培行为主栽行，在主栽行之间加行密植，增加前期密度，并对加行进行整枝，以提高前期产量。当加行栽培获得一定的产量，且群体的叶面积指数达到一定数值后，将加行拔除，恢复常规密度，保证主栽行后期处于适宜的栽培密度下正常生长，不影响主栽行黄瓜的后期产量。这样，黄瓜的前期产量和总产量都能提高，产值大大增加。实践表明：可使黄瓜前期产量提高 80%，总产量增加 30%，土地利用率提高 40%，产值可增加 40%。

采用黄瓜加行密植技术，其他的播种、育苗与田间管理等均与春早熟、越冬栽培相同。其不同之处是：

(1)品种 主栽行的品种以高产、抗病的优良品种为宜，可以是早熟品种，也可以是晚熟品种。常用的有雪勇士、津春

3 号和新泰密刺等品种。加行一定用早熟品种，如新泰密刺等。这样才能充分利用早熟品种的早熟性，提高黄瓜的早期产量，并及早拔除而不影响主栽行的生长发育。

(2)培育壮苗 秧苗的健壮与否直接影响缓苗的速度，影响前期产量。只有培育健壮的秧苗，能使加行早结瓜，提高早期产量。

(3)改善温度条件 在越冬栽培中，温度条件越适宜则产量越高；在春早熟栽培中，棚、室温度越适宜，定植越早，上市也越早，产值就越高。只有适宜的温度条件，才能使加行迅速生长发育，提高早期产量，达到立体栽培的目的。

(4)定植密度 主栽行的行距是 1～1.2 米，株距 20～30 厘米，每 667 平方米保苗 2 200 株左右。加行栽于主栽行的中间，每 667 平方米栽植 2 000～2 200 株，这样早期采收株数即增加 1 倍。

(5)适时摘心，及时拔除加行 当加行的黄瓜长至 12 片叶时，摘除顶心，使其矮化。矮化植株每株留 3～4 条黄瓜，支小架进行栽培管理。这 3～4 条黄瓜采收后，立即拔除加行，使主栽行正常管理生长。

附　录

日光温室蔬菜主要病虫害种类及农药防治方法

（根据寿光菜农防治病虫害经验总结）

1. 真菌类病害

（1）霜霉病、疫病（包括早疫病、晚疫病）用药种类及使用方法 70%乙磷铝·锰锌500倍液，72.2%普力克（霜霉威）800倍液，58%雷多米尔·锰锌（甲霜灵·锰锌）500倍液，50%甲霜·铜600倍液，50%甲霜·铝·铜500倍液，64%杀毒矾500倍液，85%三乙磷铝500倍液，69%安克·锰锌600～800倍液，58%霜尽400～500倍液，72%霜脲·锰锌（又名克露·霜疫清、霜疫净、红太阳等）500～600倍液，50%灭克（氟吗锰锌）500～600倍液，菌立灭4号500倍液，50%加收米水剂500倍液，易保500～600倍液，58%烯酰吗啉·福美双500～600倍液，58%烯酰吗林·锰锌500～600倍液。每5～7天喷1次，防治2～3次。

（2）灰霉病、煤污病用药种类及使用方法 喷洒50%速克灵（腐霉利）可湿性粉剂1 000倍液，50%扑海因可湿性粉剂或悬浮剂1 000倍液，70%甲基托布津可湿性粉剂500～600倍液，40%百可得可湿性粉剂1 500倍液，40%施佳乐悬浮剂800～1 200倍液，50%农利灵500倍液，绿亨5号1 000～1 500倍液。每5～7天喷1次，连续防治2～3次。

（3）叶霉病、白粉病、锈病等用药种类及使用方法 喷洒氧硅唑（福星）4 000倍液，腈菌唑（福腈）1 500倍液，三唑酮（又名百里通、粉锈宁、20%粉锈宁乳油）一般作物3 000倍液以上、个别作物 4 000 倍液以上，速得利 12.5%可湿性粉剂 3 000 倍液，德国拜耳公司生产的戎唑醇（好力克）5 000 倍液，美国杜邦公司生产的万兴 1 500 倍液，国产赛星 3 000 倍液，世高 800 倍液，叶霉威 500 倍液，多霉威 500 倍液。以上农药每 5～7 天喷 1 次，交替使用，连续防治 2～3 次。

(4)蔓枯病、炭疽病等病害用药种类及使用方法 喷洒 36%甲基硫菌灵悬浮剂 400～500 倍液，75%百菌清可湿性粉剂 600 倍液，80%炭疽福美胂 600～800 倍液，64%杀毒矾500～600 倍液，77%氢氧化铜（又名可杀得、丰护安、瑞扑）500 倍液，56%氧化亚铜（又名靠山）500～700 倍液，菌立灭 4 号 500～600 倍液喷雾，也可用上述农药 1 倍溶液涂抹病部。还可用 50%春雷氧氯铜（又名加瑞农、加收米）500 倍液，50%施保功可湿性粉剂（通用名称为咪鲜安锰络合物）2 000 倍液，安美托 600～800 倍液，炭疽净 500 倍液喷雾，每 5～7 天喷 1 次，交替使用，从发病初期开始，连续防治 2～3 次。

(5)斑枯病、褐斑病、灰斑病、轮纹病等叶斑病类用药种类及使用方法 喷洒 75%达科宁（百菌清）500～600 倍液，64%杀毒矾可湿性粉剂 500～600 倍液，70%代森锰锌、80%大生、强生等 600～800 倍液，10%多抗霉素（宝丽安）800～1 000 倍液，好力克 5 000 倍液，施保功 2 000 倍液，易保 500 倍液，品润 500 倍液，斑博、斑神、斑速尽、叶斑净等 500 倍液，甲霜灵·锰锌 500 倍液喷雾。从发病初期开始，每 5～7 天喷 1 次，交替使用，连续防治 2～3 次。

(6)黄萎病、枯萎病、立枯病、根腐病等土传病害用药种类及使用方法 播种前可用 50%多菌灵可湿性粉剂处理种子和土壤，或在生长期灌根、冲施；也可用恶霉灵（土菌清）拌种、处理土壤及在生长期灌根，防治茄子黄萎病及其他土传病害效果显著。用50%甲羟翁水剂500倍液浸种24小时，或用1 500倍液从苗期开始喷雾，每7天喷1次，连喷2～3次，对各种土传病害均有明显效果。用58%烯酰吗啉·福美双(又名霜尽、盖克)500倍液喷灌根际部，或在生长期每株灌药液250毫升，可防治各种土传病害。用45%三唑酮·福美双可湿性粉剂300倍液浸种或600～800倍液灌根，对茄子黄萎病、枯萎病以及各种作物的根腐病、立枯病、猝倒病、炭疽病、茎基腐病等土传病害均有较好防治效果，并能治愈根腐病、茎基腐病等病害。另外，用绿亨1号、8号、2号800～1 500倍液喷雾灌根，效果良好。用根病灵500倍液喷雾，防治效果也很好。用苗菌敌在育苗时处理苗床土壤，能培育无病菜苗，但不宜喷雾幼苗，以免发生药害。

(7)绵疫病、绵腐病、菌核病、白绢病等病害用药种类及使用方法 可用乙烯菌核利(农利灵)50%可湿性粉剂500～600倍液均匀喷洒作物发病各部位，每5～7天喷1次，防治2～3次。也可用40%菌核净可湿性粉剂3 000倍液喷雾防治，但此药易发生药害，因此应在专家指导下使用。用58%甲霜灵·锰锌500倍液喷雾防治绵疫病等病害，若与菌立灭4号或双抗霉素混合使用效果更好。也可用70%乙磷铝·锰锌与菌立灭4号或双抗霉素混合500～600倍液喷雾防治，还可用64%杀毒矾500倍液与速克灵、百可得等农药1 000倍液混合喷雾。

(8)芝麻斑点病、胡麻斑点病等病害的用药种类及使用方法 用络氨铜(又名消病灵、菌杀、双效灵、克病增产素、胶氨铜)15%或25%水剂300～500倍液喷雾防治，对防治各种作物上的芝麻斑点病、胡麻斑点病等效果显著，且能兼治细菌性病害。也可用77%氢氧化铜(可杀得、丰护安)400～500倍液喷雾防治。用30%氧氯化铜悬浮剂(氯化氧铜、王铜)600～

800 倍液喷雾，能有效防治芝麻斑点病、胡麻斑点病及各种细菌性病害。用德国拜耳公司生产的好力克 5 000 倍液防治芝麻斑点病，效果也很好。

2. 细菌性病害

(1)细菌性角斑病、叶斑病、缘枯病、斑疹病等病害用药种类及使用方法　用二元酸铜(琥胶肥酸铜、DT)30%悬浮剂 500～600 倍液喷雾防治叶片和果实上的细菌性病害，均有较好的防治效果。用 15%或 25%络氨铜水剂 300～500 倍液防治西瓜、甜瓜上的细菌性病害，效果良好。用噻枯唑(又名叶枯唑、川化-018、叶青双、叶枯宁、细菌净、细菌特净、细菌除尽、细菌扑杀等)20%或 25%可湿性粉剂 400～500 倍液喷雾防治叶片及果实上的细菌性病害，均有理想的效果，且能与任何农药混合使用，深受广大菜农的欢迎。用 72%农用链霉素 4 000 倍液或每 500 万单位链霉素对水 15 升喷雾防治叶片及果实上的细菌性病害，均有很好的效果。另外，选用绿亨 6 号 800～1 500 倍液，绿亨 7 号(77%氢氧化铜)500～600 倍液，冠菌清 1 000 倍液，冠菌铜(77%氢氧化铜)800 倍液，可杀得 2 000 制剂 3 000 倍液，抑快净 800～1 000倍液，防治叶片和果实上的细菌性病害也有理想的效果。

(2)细菌性青枯、溃疡、疮痂、茎部坏死等病害用药种类及使用方法　用 50%DT 可湿性粉剂 500～600 倍液喷雾、灌根，每 5～7 天喷 1 次，每 10～15 天灌根 1 次。也可用绿亨 6 号 1 000 倍液或用 30%氧氯化铜 300～500 倍液喷雾、灌根，还可用冠菌清 1 000 倍液喷雾、灌根。

3. 各种作物病毒病用药种类及使用方法　用盐酸吗啉胍酮(又名病毒 A、病毒净、病毒除尽)20%可湿性粉剂 400～500 倍液喷雾，每 3～5 天喷 1 次，连喷 3 次；也可用 5%菌毒清水剂(市场上出售的“病毒净”、“毒痊净”、“毒霸”等,主要成分就是菌毒清)300 倍液喷雾防治;用 1.5%植病灵乳剂 600 倍液喷雾,效果均较理想。用病毒克星 1 小袋(25 克)对水 30 升,菌克毒克 600 倍液,农康 1 小袋(10 克)对水 15 升,喷雾防治病毒病均有较好的效果。

4. 广谱性生物及抗菌素杀菌杀毒剂 ①用井冈霉素 15%或 17%水溶性剂 500～1 000 倍液喷雾、灌根,对真菌、细菌、病毒各类病毒均有较好的防治效果。②用根叶康(由青岛中垦化工有限公司生产)拌种、喷雾均能杀伤真菌、细菌病害,并能明显减轻各种作物病毒病的发生。③用益微(商品暂用名)拌种、喷雾能防治各种作物苗期病害、土传病害,对各种病毒类病害也有良好的控制作用。用益微拌种时,每 20 克可拌 667 平方米需用的种子;用于生长期喷雾时,每 20 克益微对水 15～30 升。

5. 大棚虫害种类及用药方法

(1)白粉虱、烟飞虱、蚜虫、蓟马等刺吸式口器害虫的用药种类及使用方法 此类农药种类很多,这里仅介绍主要品种及使用方法:用蚜虱宝 1 000～1 500 倍液,粉虱特 1 000 倍液,扑虱灵 800～1 000 倍液,菜喜 1 500 倍液,阿克泰 3 000 倍液,除尽 1 500 倍液,绿菜宝1 500倍液喷雾防治。

(2)斑潜蝇用药种类及使用方法 用神农乐 600～800 倍液,绿菜宝 1 500 倍液,菜喜 1 500 倍液,阿克泰 2 000 倍液,尽胜 1 500 倍液,48%乐斯本乳油 800～1 000 倍液,1.8%爱福丁乳油 3 000 倍液,10%吡虫啉水剂 1 500～2 000 倍液,10%天王星乳油 3 000～4 000 倍液喷雾防治。

(3)各种螟虫、蛾类虫害用药种类及使用方法 大棚蔬菜的此类害虫有棉铃虫、斜纹夜蛾、小菜蛾、菜青虫等咀嚼式昆虫和地蛆等地下害虫。可用50%辛硫磷乳油1 000～1 500倍液喷雾或冲施灌根，用20%高效氯氰菊酯2 000倍液喷雾防治各种咀嚼式昆虫，用50%～80%敌敌畏乳油1 000～1 500倍液喷雾防治各种害虫，用敌敌畏制作的各种类型的烟雾剂均能防治各种害虫。还可用90%万灵1 500倍液，48%乐斯本800～1 000倍液，生物药安打3 000倍液喷雾防治。

(4)各种螨类用药种类及使用方法 用73%克螨特乳油2 000～3 000倍液，20%螨死净2 000～2 500倍液，20%扫螨净3 000～4 500倍液，虫螨杀星1 500倍液，阿维除尽1 000～1 500倍液，1.8%阿维菌素1 500倍液喷雾防治。

6. 根结线虫、茎线虫用药种类及使用方法 施用福气多、米乐尔、好年冬、线敌、线虫灵、线虫除尽、线虫速灭等颗粒剂防治，处理土壤时，每667平方米用10～20千克；做条施或穴施时用3～5千克。也可用克兰德桑水剂灌根和冲施。灌根时，用800～1 000倍液，每株灌250～500毫升药液；冲施时，每667平方米冲施2～3桶，即2～3千克农药。也可用阿维菌素1.8%水剂1千克，冲施在菜地里，防治线虫效果也很好。

7. 各种作物除草剂 种类很多，寿光市推广的有以下品种。

(1)高效盖草能 主要用于油菜、西瓜、甜瓜、马铃薯等阔叶作物和阔叶蔬菜地的除草。其使用方法是，在作物播种后或作物具2～3片复叶时，每667平方米用10.8%盖草能乳油30～35毫升对水60升喷雾处理。

(2)苯磺隆(又名杜邦巨星、阔叶净) 主要用于冬小麦杂草。其使用方法是，每667平方米用75%巨星干悬浮剂1～1.5克对水30～40升喷雾防除杂草。

(3)乙莠水(通用名称乙草胺+莠去津) 主要用于玉米田防除杂草。其使用方法是，在玉米播种后出苗前，每667平方米用40%乙莠水悬浮剂300～400毫升对水40～50升喷雾防除玉米田杂草。

(4)除草醚 适合施用的作物有大豆、花生、芹菜、胡萝卜、萝卜、茴香、油菜、菜花等作物，最适宜做喷雾防治杂草。但是，应在作物播种后出苗前应用，其方法是，每667平方米用25%除草醚可湿性粉剂500克左右，对水30升，喷雾处理土壤表面。

(5)除草通(又名施田朴) 适合施用的作物有玉米、大豆、棉花、蔬菜等作物，用于防除稗草、马唐草、狗尾草、早熟禾、藜、苋菁等杂草。其使用方法是：播种后出苗前每667平方米用33%施田朴乳油200～300毫升对水30～40升喷雾于地表。

(6)地乐胺 适用于大豆、茴香、萝卜、胡萝卜、韭菜、菜豆等作物防除杂草。具体使用方法是：每667平方米用48%地乐胺乳油200～300毫升对水30～40升，喷雾处理地表，施药后划锄混土，然后再播种或移栽。

8. 大棚鼠害用药种类及方法 防治鼠害的方法很多，但要求对人、畜必须安全。这里仅介绍三种防鼠药的使用方法。

(1)绿亨鼠克 用1份药对水50毫升，再加入250～500克新鲜饵料搅拌均匀，于傍晚撒在老鼠出没的路线上。

(2)大卫 用1小盒大卫(5克)配制500克毒饵，于傍晚撒在老鼠出没的路线上。

(3)玉虎 用玉虎5毫升对水50毫升，与500克新鲜玉米或小麦粒拌匀制成毒饵，撒在老鼠出没的路线上。

9. 植物生长调节剂 大棚瓜菜有时生长过快，有时生长过慢，有时因温度过高或过低造成落花落果或化瓜现象，有时形成花打顶现象，这就需要用生长调节剂进行调理。寿光市菜农常用的生长调节剂有以下几种。

一是刺激生长，使果实变大变长的生长调节剂。主要有赤霉素、细胞分裂素、复硝酚胺（市场上销售的甜瓜膨大素、西瓜膨大素等）。

二是抑制作物生长的调节剂。主要有矮壮素、调节安（助壮素、稳丰等品牌）、多效唑、比久等。

三是促使作物果实早熟的生长调节剂。主要有40％乙烯利水剂、国光牌催红剂、必多收等药剂。

四是保花保果的生长调节剂。目前市场销售的主要有2,4-D、防落素、施特优、萘乙酸、芸薹素内酯（云大-120）、复硝酚钠（又名爱多收、爱农、丰产素、巨丰系列叶肥）等。

10. 大棚蔬菜生理性病害及缺素症用药种类 此类农药大多为蔬菜常用叶肥，种类很多，有爱多收、爱农、康凯、云大-120、云大-中天、纳米磁能液、绿芬威系列，铁、锌、钙达灵，金钙宝、三不落、巨丰系列、稀土绿霸王、太得肥等。